本书的视频制作得到了“乡村振兴战略下‘三农’融合出版探索”项目的资助

扫码看视频·病虫害绿色防控系列

# 猕猴桃病虫害绿色防控彩色图谱

全国农业技术推广服务中心　组编
李建军　主编

中国农业出版社
北　京

**图书在版编目（CIP）数据**

猕猴桃病虫害绿色防控彩色图谱/全国农业技术推广服务中心组编；李建军主编．—北京：中国农业出版社，2024.1

（扫码看视频·病虫害绿色防控系列）

ISBN 978-7-109-30719-3

Ⅰ.①猕… Ⅱ.①全… ②李… Ⅲ.①猕猴桃-病虫害防治-无污染技术-图谱 Ⅳ.①S436.634-64

中国国家版本馆CIP数据核字（2023）第092862号

MIHOUTAO BINGCHONGHAI LÜSE FANGKONG CAISE TUPU

---

中国农业出版社出版

地址：北京市朝阳区麦子店街18号楼

邮编：100125

责任编辑：郭　科　郭晨茜

版式设计：郭晨茜　　责任校对：吴丽婷　　责任印制：王　宏

印刷：北京通州皇家印刷厂

版次：2024年1月第1版

印次：2024年1月北京第1次印刷

发行：新华书店北京发行所

开本：880mm×1230mm　1/32

印张：6

字数：202千字

定价：48.00元

---



服务电话：010－59195115　010－59194918

# 编委会
EDITORIAL BOARD

# 前言
# PREFACE

猕猴桃为猕猴桃科（Actinidiaceae）猕猴桃属（*Actinidia*）多年生落叶藤本植物。中国是世界猕猴桃的起源地，最早的文字记载始见于《诗经》："隰（xí）有苌楚，猗傩（yī nuó）其枝。""苌楚"，便是猕猴桃。唐代诗人岑参所作的诗句"中庭井栏上，一架猕猴桃"，道出了早在1 200多年前，中国就有野生猕猴桃引入庭院栽种的范例。且唐代以后，历代编撰的本草类书籍大多有关于猕猴桃的记载。

猕猴桃富含维生素C，被誉为"水果之王"，具有滋补强身、清热利水、生津润燥等功效，深受消费者喜爱。我国是世界上猕猴桃栽培面积和产量最大的国家。据统计，2022年我国猕猴桃栽培面积近30万公顷，总产量达300多万吨，小猕猴桃正逐步发展成大产业。但随着我国猕猴桃栽培区域和面积的不断扩展，猕猴桃病虫害频发，严重制约了我国猕猴桃产业的健康持续发展。

本书从实际出发，总结了十余年猕猴桃常见和新发病虫害的防治经验，从多个方面进行详细讲解。病害部分，从田间症状、发生特点帮助读者了解病原特征、传播途径及病害发病原因等，使读者掌握病害发生规律；通过病害循环图、大量高清细节及症状图谱，帮助读者快速掌握病害识别要点。虫害部分，从分类地位、为害特点、形态特征、发生特点等方面进行描述。

配有不同虫龄高清形态图及为害状图谱。不同病虫害均配有防治适期及对应防治措施，使读者轻松掌握防治关键期，提升绿色防控水平。同时，全书配备了病虫害视频，使病虫害识别更加生动直观。

书中文字简洁，介绍了猕猴桃的主要病虫害，图片清晰，图文并茂，适合猕猴桃生产者、农技推广人员及高校学生参考阅读，也可作为基层猕猴桃生产技术培训教材，是一本极具实用性、阅读性的科普读物。

编　者

说明：本书文字内容编写和视频制作时间不同步，两者若表述不一致，以本书文字内容为准。

# 目录
# CONTENTS

## PART 2　虫害



## PART 3　其他有害生物



## PART 4　猕猴桃病虫害绿色防控



## 附录

# PART 1

# 病　害

## 猕猴桃溃疡病

猕猴桃溃疡病

猕猴桃溃疡病具有隐蔽性、暴发性和毁灭性，目前在猕猴桃产区有逐步加重之势，已经成为威胁全球猕猴桃生产最严重的病害。

**田间症状** 猕猴桃溃疡病主要为害树干、枝蔓，严重时造成植株、树干、枝蔓枯死，也可为害叶片和花蕾。

为害树干后首先从芽眼、叶痕、皮孔、果柄、伤口等处溢出乳白色菌脓，病斑皮层出现水渍状变色，逐渐变软呈水渍状下陷，后变褐腐烂。进入伤流期，病部的菌脓与伤流液混合从伤口溢出变为锈红色，皮层腐烂，病斑扩展绕茎一圈导致发病部以上的枝干坏死，也会向下部扩展导致整株死亡。猕猴桃溃疡病病原菌入侵猕猴桃枝蔓后，可以沿皮层与木质部之间传输为害，导致猕猴桃芽染病死亡不能萌发。后期发病严重时，幼嫩的枝蔓髓部充满菌脓，病原菌也可以在木质化程度高的主干和主蔓的木质部导管间传播，导致切口木质部溢脓。

田间发病情况

枝蔓发病症状

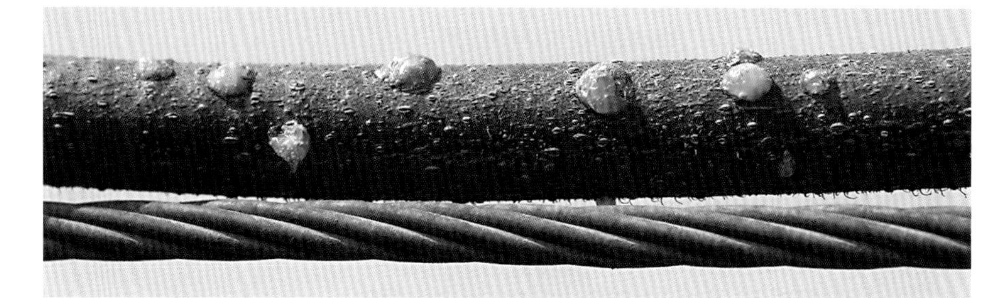

枝蔓发病后菌脓变为黄色

枝蔓发病初期出现乳白色菌脓

主干染病初期病斑下皮层出现水渍状变色

枝蔓发病后期菌脓混合伤流液变为锈红色

主干染病后期病斑下皮层变褐腐烂

主干木质部溢脓

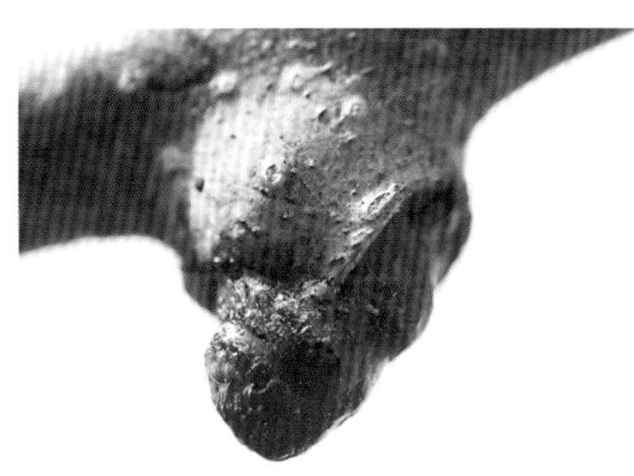

芽萌发前染病

萌发的芽染病

叶痕染病溢脓

果实采后果柄染病溢脓

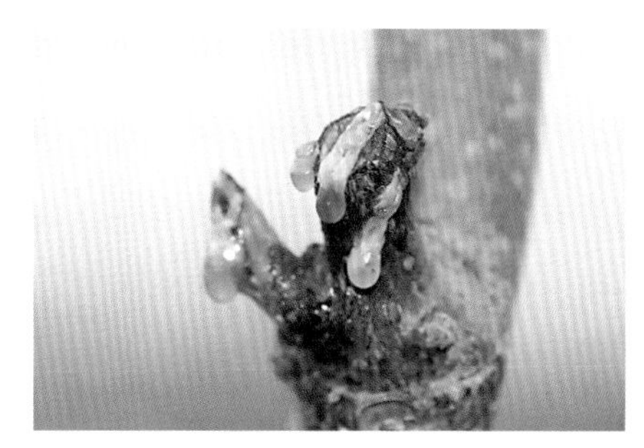
枝蔓剪伤口染病后溢胶

病蔓后期水分供应不足死亡

严重发病导致植株死亡

叶片染病后先呈现水渍状褪绿小点，后扩展成不规则或多角形褐色病斑，边缘有明显的淡黄色晕圈。叶片对光观察，黄色晕圈明显。湿度大时病斑湿润并可溢出菌脓。在连续阴雨低温条件下，病斑扩展很快，有时也不产生黄色晕圈。发病后期多角形病斑周围黄色晕圈消失，叶片上病斑相互融合形成枯斑，叶片边缘向上翻卷，最后干枯死亡，但不易脱落。

染病初期叶片背面出现水渍状病斑

染病叶片正面症状

染病叶片背面症状

叶片对光观察，黄色晕圈明显

染病后期叶片边缘翻卷，最后干枯

花蕾受害后变褐色，不能开花，花蕾表面溢脓，后期枯死；新梢发病后变黑枯死。

花蕾染病后变褐色并且表面溢脓

## 发生特点

| | |
|---|---|
| 病害类型 | 细菌性病害 |
| 病　　原 | 丁香假单胞杆菌猕猴桃致病变种（*Pseudomonas syringae* pv. *actinidiae*，简称*Psa*），为薄壁菌门变形菌纲假单胞菌科假单胞杆菌属细菌<br>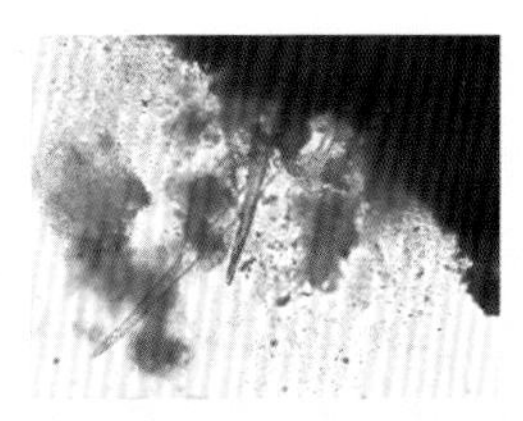<br>猕猴桃叶片染病组织切片溢脓状 |
| 越冬场所 | 病菌主要在树体病枝上越冬，也可以随病枝、病叶等残体在土壤中越冬 |
| 传播途径 | 主要通过风雨、昆虫及农事操作传播；远距离传播主要依靠人为调运苗木、接穗等活体实现；在传染途径上，一般是从枝干传染到新梢、叶片，再从叶片传染到枝干 |
| 发病原因 | 低温高湿有利于病害的发生。15 ～ 25℃是病原菌的发育最适温度。春季旬均温10 ～ 14℃，如遇大风雨或连日高湿阴雨天气，病害易流行。地势高的果园风大，植株枝叶摩擦造成的伤口多，有利于细菌传播和侵入。低温冻害在树体上造成伤口，利于病菌侵入，如果当年出现冻害，次年春季溃疡病的发生重<br>田间管理粗放、树体营养不良的发病明显较重。施肥不平衡或单施氮肥发病较重；灌水过多、树体虚旺、树冠郁闭的果园以及土层浅薄或土壤黏重的果园发病较重；滥用膨大素、树体负载量过大的果园发病较重；果园中其他病虫害如叶蝉为害较重的发病重<br>感病品种发病重，如中华猕猴桃大多不抗病。长势弱的品种发病较重，长势旺的品种发病较轻 |
| 病害循环 | 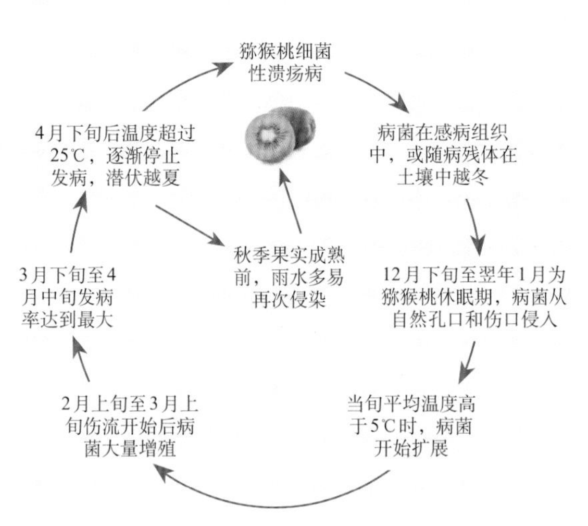<br> |

*Psa*菌脓随风雨传播

*Psa*随伤流液沿主干传播

斑衣蜡蝉刺吸为害传播*Psa*

果园蝇类舐吸携带*Psa*传播病害

*Psa*可以在枝蔓皮层与木质部之间传播

*Psa*通过带病接穗嫁接传播

气温升高超过30℃后*Psa*病斑停止扩展，菌脓变干，不再流脓

主干冻伤后易感染

**防治适期** 秋季采果后、初冬落叶后和冬季修剪后预防；1月上中旬至2月上中旬，展叶期及时防治。

**温馨提示**

猕猴桃溃疡病是一种近距离传播的病害，一株发病或一个果园发病，就有可能传播给周围其他植株或相邻果园，所以，猕猴桃溃疡病防治要加强群防群治、统一防治的意识，预防病原扩展蔓延。

**防治措施**

（1）**严格检疫，防止病菌传播扩散** 栽植的猕猴桃苗木和接穗严禁从病区引进，对外来苗木要进行消毒处理。

（2）**培育栽植抗病品种，应用抗病性强的砧木** 猕猴桃溃疡病防治较难，要控制其为害，应加强抗病品种和砧木选育。发病严重的地区新建园时要栽植抗病性强的品种。生产上抗病的优良品种有海沃德、金魁、徐香等。中华猕猴桃红阳、黄金果等品种高感溃疡病，重病区和管理水平不高应慎重发展。

（3）**加强科学栽培管理，增强树体抗病能力**

①科学栽培管理，平衡施肥，增施有机肥和磷、钾肥。平衡配方施肥，以充分腐熟的有机肥为主，增施微生物菌肥，减少化肥用量。采果后要及时施足基肥，膨大期喷施叶面肥补充营养。适当追施钾、钙、镁、硅等提高植物抗性的矿质肥料，生长后期控制氮肥的施用，增施磷、钾肥。大量施用生物有机肥及生物菌肥。

②合理负载，平衡营养生长与生殖生长，增强果树抗病能力。根据树势和目标产量确定适宜的负载量，做好疏蕾、疏花和疏果工作。一般盛果树将亩*产量控制在美味猕猴桃2 500 ~ 3 000千克，中华猕猴桃1 000 ~ 2 000千克。禁止使用膨大剂等植物生长调节剂，防止出现大小年现象，从而影响树势均衡。

③科学整形修剪，合理灌排水，合理控制果园环境湿度。科学整形修剪，做好冬季和夏季整形修剪工作，保持合理的叶幕层，使架下呈花筛状，增强果园通风透光性，降低果园湿度。根据猕猴桃需水规律及降水情况适时灌溉，伤流前期少灌水或不灌水，以免加重病害发生。

* 亩为非法定计量单位，1亩=1/15公顷。——编者注

（4）**清除田间菌源**　冬季及时彻底清园，清除越冬菌源。结合冬季修剪，剪除病虫残枝，刮除树干翘皮，将枯枝、落叶、僵果等全部清理出园，集中喷药后粉碎深埋或沤肥，使园内无病残体遗留。冬季树干涂白也可减少树干上的病原菌量。

（5）**切断入侵传播途径**

①严禁栽植带菌苗木和从病园采集接穗。接穗可用3%中生菌素水剂或2%春雷霉素水剂200 ~ 300倍液浸泡20 ~ 30分钟彻底消毒后再嫁接。

②人员和机械消毒。进出果园的人员和机械要做好消毒工作。

③合理修剪，及时保护伤口，防止二次侵染。根据当地实际情况，适时进行冬季修剪，保证进入伤流期时修剪口可以痊愈；果园合理修剪，减少伤口，尤其在伤流期尽量不要修剪，以防止病菌的传染。新旧剪口、锯口或伤口，先用5%菌毒清水剂或可湿性粉剂100倍液进行伤口消毒，然后涂抹伤口保护剂或用油漆封闭伤口，防止病菌侵入。

接穗消毒

剪口消毒封闭伤口

④工具严格消毒。剪刀、锯子及嫁接刀等修剪嫁接工具要用酒精、甲醛或升汞液严格消毒，也可使用3%中生菌素水剂或2%春雷霉素水剂200 ~ 300倍液或铜制剂药液浸泡消毒。最好使用两套修剪工具，随带消毒桶，一套放入消毒，另一套修剪，剪完一株后将用过的修剪工具放入桶中消毒，再用消过毒的

修剪工具消毒

另一套工具继续修剪，如此交替，既不影响修剪速度，也能充分消毒防止交叉感染。

⑤防治刺吸式口器害虫。秋季9 ~ 10月与春季4 ~ 5月及时喷药防治园内叶蝉、斑衣蜡蝉和蝽等刺吸式口器害虫，尤其幼龄猕猴桃园要做好防治工作，避免树体受伤，减少猕猴桃溃疡病的传播途径。

（6）**加强树体防冻措施** 冻害能加重病害的发生，生产中应注意中、长期的天气预报，提前做好准备，在寒潮来临时及时防冻。

①树干涂白。涂白不但能够减小昼夜温差，防止温度急剧变化导致树体受损，而且可在树体表面形成一层保护膜，阻止病菌侵入。在秋季落叶后至土壤解冻前，主干和大枝全面刷白。涂白剂的配制比例为：生石灰10份、石硫合剂2份、食盐1 ~ 2份、黏土2份、水35 ~ 40份。

②包干。用水稻秸秆等对猕猴桃主干进行包干处理。特别注意包干材料一定要透气。

③喷施抗冻剂可减轻冻害冻伤，从而减少该病的发生。

④果园灌水、喷水。

⑤果园放烟。当寒潮即将来临时，在园内上风口点燃提前准备好的发烟物如锯末或发潮的麦草等，使烟雾笼罩整个果园，可有效防止温度骤降。

包 干

果园放烟

（7）**药剂防治**

①关键时期及时喷药预防。秋季采果后、初冬落叶后和冬季修剪后是猕猴桃溃疡病预防的3个关键时期，应及时进行喷药预防。可选用3%中生菌素水剂600～800倍液，或2%春雷霉素水剂600～800倍液，或0.3%梧宁霉素水剂500～600倍液，或3%噻霉酮可湿性粉剂600～800倍液，或70%氢氧化铜可湿性粉剂800～1 000倍液，或20%噻菌铜悬浮剂500～800倍液，或45%代森铵水剂200～300倍液，或20%乙酸铜可湿性粉剂600～800倍液等，全园喷雾、整株喷淋或涂抹树干防治。在生长季节和秋季采果后的9～10月及时选用低毒、低残留、高效的化学农药或生物农药防治园内叶蝉、斑衣蜡蝉和蝽等刺吸式口器害虫，避免树体受伤，减少猕猴桃溃疡病传播。

②早春初侵染关键期及时检查及早防治。一般在秦岭北麓猕猴桃产区，1月上中旬至2月上中旬是猕猴桃溃疡病初侵染的关键时期（南方产区可能更早些），田间发病的主要症状是出现乳白色菌脓点。这段时间要在果园仔细检查，一旦发现染病植株要及时采取措施进行防治。

③春季发病高峰期及时局部刮治，全园喷雾防治。2月下旬至4月中旬是猕猴桃溃疡病的发病高峰期，应根据果园发病情况及时防治。可用45%代森铵水剂150～200倍液，或70%氢氧化铜可湿性粉剂800～1 000倍液，或3%中生菌素水剂600～800倍液，或2%春雷霉素水剂600～800倍液，或3%噻霉酮可湿性粉剂600～800倍液，或20%噻菌铜悬浮剂500～800倍液全园喷雾，每隔7～10天喷1次，连喷2～3次，严重时连喷3～4次。展叶期是溃疡病为害叶片的关键时期，可选用上述药剂喷雾防治。

对于主干、枝条上的初发菌脓斑等采取刮治的方法，用小刀刮除后用3%中生菌素水剂300倍液，或2%春雷霉素水剂300倍液，或21%过氧乙酸水剂2～5倍液，或50%氯溴异氰尿酸可湿性粉剂50倍液等将伤口仔细涂抹一遍。一二年生病枝和多主蔓上架的中华猕猴桃品种主干感病后一律剪除，同时处理伤口。将剪下的病枝和刮下的病斑树皮带至园外集中喷药后粉碎深埋。同时对剪子、刮刀等要用酒精、甲醛或升汞液消毒。刮治一般在伤流前或伤流后进行。大的主干或主蔓发病特别严重时，发病部位病斑面积大，也可采取划道的办法，将病斑纵向用小刀划几个道，然后涂药，这样操作能使药剂迅速进入发病组织杀灭病菌，促使树体恢复。

**温馨提示**

进行药剂喷施防治时，主干、枝蔓和叶片要均匀周到喷施。药剂要轮换使用，防止猕猴桃溃疡病产生抗药性。萌芽期喷雾必须慎重，合理科学用药，如石硫合剂要注意使用的浓度，铜制剂要注意高温30℃以上和雨季不能使用，避免产生药害。喷雾时可以使用增效剂，增加渗透力和黏着力，以提高药效。防治时要统一、彻底，消灭传染源，防止果园间相互传播。

## 猕猴桃疫霉根腐病

该病又称猕猴桃烂根病。

**田间症状** 该病主要为害猕猴桃根系，先为害根的外部，后扩大到根尖，或从根颈部先发病，主干基部和根颈部产生圆形水渍状病斑，逐渐扩展为暗褐色不规则状，皮层坏死，内呈暗褐色，腐烂。病斑均为褐色水渍状，腐烂后有酒糟味。严重时，根部腐烂或病斑环绕枝干引起坏死，导致水分和养分运输受阻使植株死亡。地上部表现为萌芽晚，叶片变小、萎蔫，梢尖死亡，严重者芽不萌发或萌发后不展叶，最终植株死亡。

根颈部呈暗褐色腐烂

根部腐烂

植株枯死

## 发生特点

| | |
|---|---|
| 病害类型 | 真菌性土传病害 |
| 病　　原 | 恶疫霉（*Phytophthora cactorum*），为卵菌门疫霉属真菌 |
| 越冬场所 | 病菌以卵孢子、厚垣孢子和菌丝体随病残体在土壤中越冬 |
| 传播途径 | 随雨水或灌溉水传播 |
| 发病原因 | 土壤黏重或土壤板结，透气不良，土壤湿度大，积水或排水不畅，高温、多雨时容易发病。幼苗栽植埋土过深，生长困难，会导致树势不旺，易感病。营养不足、栽植过浅导致冬季受冻，施肥锄草过深伤及根系都易导致病菌入侵而发病。嫁接口埋于土下和伤口多的果树易发病。地势低洼、排水不良的果园发病重。根部冻伤、虫伤及机械损伤等伤口愈多，病害愈重 |
| 病害循环 | 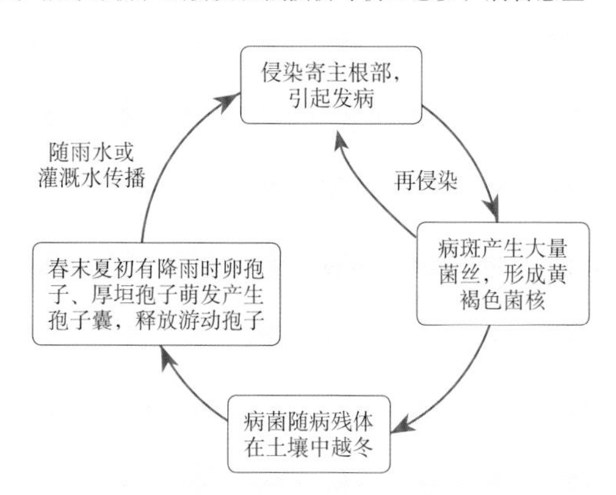 |

**防治适期** 发病初期。

## 防治措施

(1) **科学建园** 建园时选择排水良好的土壤，避免在低洼地建园。建园的土壤pH必须低于8。在多雨季节或低洼处采用高垄栽培。不栽病苗，栽植深度以土壤不埋没嫁接口为宜。施用充分腐熟的有机肥，防止肥害伤根发病。

(2) **加强田间管理** 生产上要多施有机肥改良土壤，增加土壤的通透性。保持果园内排水通畅，不积水。灌水时最好采用滴灌或喷灌，切忌大水漫灌。旋地和施肥的深度不要超过25厘米，这样可避免根部受伤。栽植过深的树干要扒土晾晒嫁接口，以减轻病害发生。发现病株时，将根颈

部的土壤挖至根基部检查，发现病斑后，沿病斑向下追寻主根、侧根和须根的发病点。仔细刮除病部及少许健康组织；对整条烂根，要从基部锯除或剪掉。去除的病根带至园外喷药粉碎后深埋。

(3)**药剂防治** 该病防治的关键是早发现。发病初期及时扒土晾晒，并选用50%代森锌可湿性粉剂200倍液，或50%多菌灵可湿性粉剂500倍液，或30%噁霉灵水剂600倍液，或30%甲霜·噁霉灵可湿性粉剂600倍液，或70%代森锰锌可湿性粉剂0.5千克加水200千克灌根，每树可灌2～3千克药液，每隔15天灌1次，连灌2～3次。严重发病树，刨除病树带至园外喷药粉碎后深埋，及时对根部土壤进行消毒处理。

## 猕猴桃根朽病

该病又称猕猴桃假蜜环菌根腐病。

**田间症状** 猕猴桃根朽病主要为害根颈部、主根、侧根。发病初期根颈部皮层出现黄褐色水渍状斑，后变黑软腐，韧皮部和木质部分离，易脱落，木质部变褐腐烂。树体基部现黑褐色或黑色根状菌索或蜜环状物，病根皮层和木质部间出现白色或浅黄色菌膜引起皮层腐烂，后期木质部受害逐渐腐烂。土壤湿度大时，病害迅速向下蔓延发展，导致整个根系变黑腐烂，流出棕褐色液体，木质部由白色转变为茶黄色、褐色至黑色。地上树势衰弱，枝梢细弱，叶小色淡变黄，严重时叶片变黄脱落，植株萎蔫死亡。

猕猴桃根朽病症状

## 发生特点

| | |
|---|---|
| 病害类型 | 真菌性病害 |
| 病　　原 | 假蜜环菌（*Armillariella tabescens*），为担子菌门层菌纲伞菌目口蘑科小蜜环菌属真菌 |
| 越冬场所 | 病菌以菌丝体或菌索随寄主植物病残组织在土中越冬 |
| 传播途径 | 主要靠病根或病残体与健根接触，从根部伤口或根尖侵入，向邻近组织蔓延发展 |
| 发病原因 | 土壤黏重，排水不良，湿度过大的果园发病较重。老果园发病重 |
| 病害循环 | 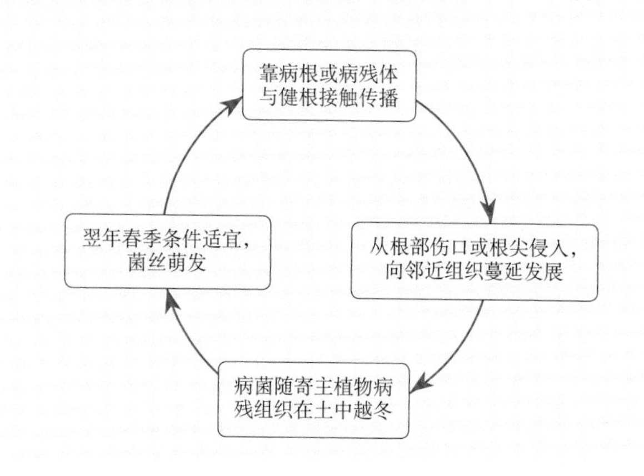 |

**防治适期** 发病初期。

**防治措施**

(1) **加强管理，增强树势**　增施有机肥，改良土壤透气性。对地下水位高的果园，采用高垄栽培，并做好开沟排水工作，尤其是雨后要及时排水，防止长时间淹水。发病严重时及早挖除病根，并对土壤进行消毒。

(2) **及早发现，及时清除病根，并进行药剂防治**　对整条腐烂根，应从根基砍除，并细心刮除病部，直至将病根挖除，用1%～2%硫酸铜溶液消毒，或用40%五氯硝基苯粉剂配成1 ∶ 50的药土，混匀后施于根部，或用40%多菌灵悬浮剂400倍液浇灌，用药量因树龄而异，盛果期大树用药量0.25千克。对感病的土壤可撒石灰消毒。最好用沙土更换根系周围的土壤。

# 猕猴桃白绢根腐病

**田间症状** 猕猴桃白绢根腐病从苗期到成株期均可受害，苗期受害严重。主要为害根颈及其下部30厘米内的主根。根部发病初期，病部暗褐色，长满绢丝状白色菌体，菌丝辐射状生长包裹住病根，四周土壤孔隙中也充溢白色菌丝，后期菌丝结成菌索直至产生菌核。菌核初期为白色松绒状菌丝团，后变为浅黄色、茶黄色至深褐色，同时菌核变坚硬。猕猴桃植株地上部发病轻时无明显症状；严重时植株萎蔫，生长衰弱，逐渐死亡。

猕猴桃白绢根腐病根部症状

**发生特点**

| 病害类型 | 真菌性病害 |
| --- | --- |
| 病原 | 齐整小核菌（*Sclerotium rolfsii*），为担子菌门小核菌属真菌 |
| 越冬场所 | 病菌以菌丝、菌索和菌核在寄主病残组织或土壤中越冬 |
| 传播途径 | 萌发出新菌丝从植株茎基部伤口侵入或直接侵入，也能通过流水扩散传播 |
| 发病原因 | 6～8月夏季高温期容易发病。沙质土和黏性土果园发病重。地势低洼、排水不良、土壤潮湿的果园易发病。高温、高湿、连阴雨条件容易发病 |
| 病害循环 | 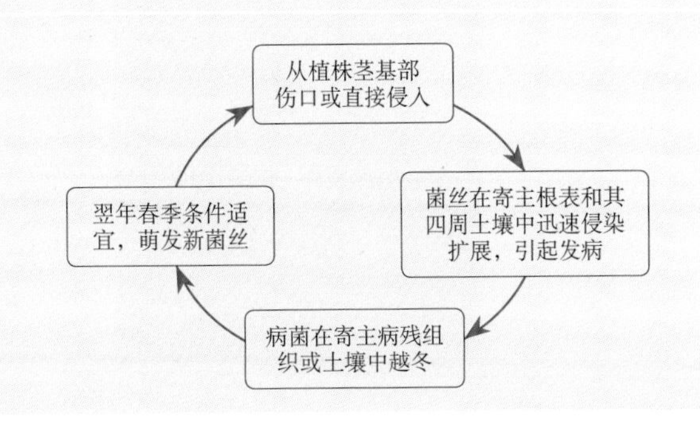 |

**防治适期** 发病初期。

**防治措施**

（1）**科学建园** 建园时选择排水良好的土壤，避免在低洼地建园。多雨地区或低洼处采用高垄栽培。不栽植病苗。

（2）**加强管理，增强树势** 多施有机肥，增施磷、钾肥，改善土壤透气性，提高植株抗病力，有利于减轻病害。果园种植矮生绿肥，防止地面高温灼伤根颈部，以减少发病。开好排水沟，雨季无积水，降低田间湿度。

（3）**及早发现，及时防治** 苗木可用45%代森铵水剂400倍液或40%菌毒清水剂200倍液浸泡根部后栽植。发现病株及时清除病根，刨开根颈部土壤晾晒，可用21%过氧乙酸水剂150倍液，或15%噁霉灵水剂450倍液，或45%代森铵水剂600倍液，或50%多菌灵可湿性粉剂500倍液，或70%甲基硫菌灵可湿性粉剂800倍液浇灌根颈基部土壤。发病严重的植株及时挖除，清理土壤中残留病根组织，带至园外集中处理，并进行土壤消毒处理。

## 猕猴桃根癌病

**田间症状** 发病初期主要在侧根和主根上形成球形或近球形的多个瘤体，乳白色至红白色，表面光滑，多个瘤体会合后呈不规则根瘤，并变为深褐色，表面粗糙，质地较硬。有些瘤体中间有裂痕。患病植株根系吸收功能受阻。幼苗受害后叶片黄化，植株矮化；成龄树感染此病后树势变弱、果实小、产量低，甚至因缺乏必要的营养而死亡。

猕猴桃根癌病根部发病症状

## 发生特点

| | |
|---|---|
| 病害类型 | 细菌性病害 |
| 病　　原 | 根癌农杆菌（*Agrobacterium tumefaciens*），为变形菌门根瘤菌科土壤杆菌属细菌 |
| 越冬场所 | 细菌在根癌组织的皮层越冬或随病残组织在土壤中越冬，病组织在土壤中可存活1年以上 |
| 传播途径 | 病原细菌经工具、雨水、地下害虫和人为传播 |
| 发病原因 | 碱性和黏重的土壤及湿度高的条件下发病重，树龄愈大发病愈严重，管理水平低、地下害虫发生严重的果园发病较重 |
| 病害循环 | 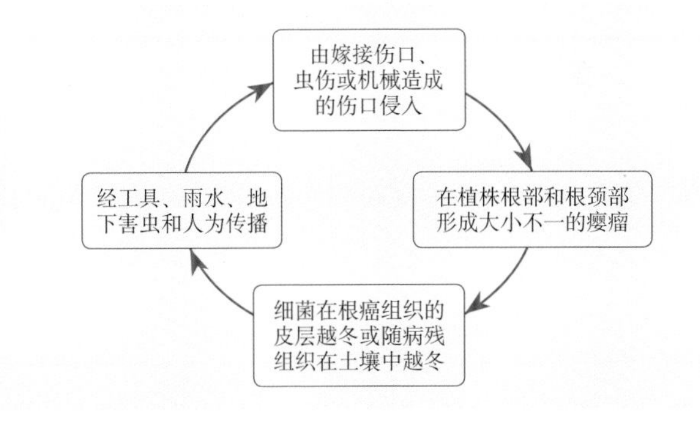 |



## 防治适期

发病初期。

## 防治措施

（1）**加强苗木检疫**　禁止带病苗木的调运。选择无病地块作苗圃，不在疫区育苗，不连茬育苗。

（2）**科学管理，增强树势**　避免在碱性土壤和特别黏重的土壤上建园。生产上栽植无病种苗，避免伤根，并防治地下害虫。

（3）**苗木出圃时严格检查**　发现病苗立即挖除烧毁，对可疑苗木要进行根部消毒，可用1%硫酸铜溶液浸泡10分钟或3%中生菌素可湿性粉剂等100～200倍液浸泡20～30分钟，也可用30%石灰乳浸泡1小时，再用水冲净后定植。

（4）**药剂灌根**　结果树发病，扒开根颈部土壤，切掉、刮净病瘤，然后用药剂灌根。可以选用0.3～0.5波美度石硫合剂，或1：1：100波尔多液，或3%中生菌素可湿性粉剂500～600倍液，或45%代森铵水剂

1 000倍液。每7 ~ 10天灌1次，连灌2 ~ 3次。发病严重时及早挖除，进行土壤消毒，并可局部换土。

## 猕猴桃根结线虫病

猕猴桃根结线虫病

**田间症状** 猕猴桃根结线虫病主要为害根部，包括主根、侧根和须根，从苗期到成株期均可受害。被害植株的根产生大小不等的圆形或纺锤形根结（根瘤），即虫瘿，直径1 ~ 10厘米。根瘤初呈白色，表面光滑，后呈褐色，数个根瘤常合并成一个大的根瘤，外表粗糙。受害根较正常根短小，分杈少，特别是有吸收功能的毛细根后期整个根瘤和病根变成褐色而腐烂，呈烂渣状散入土中。根瘤形成后，导致根部活力变弱，导管组织变畸形歪扭而影响水分和营养的吸收，致使地上部表现缺肥、缺水的状态，生长发育不良，叶小发黄，没有光泽，树势衰弱，枝少叶黄，结果少，果实小，果质差，严重时整株萎蔫死亡。苗木受害轻时，生长不良，表现细弱、黄化，受害重时苗木枯死。

猕猴桃根结线虫病为害形成的根结（根瘤）

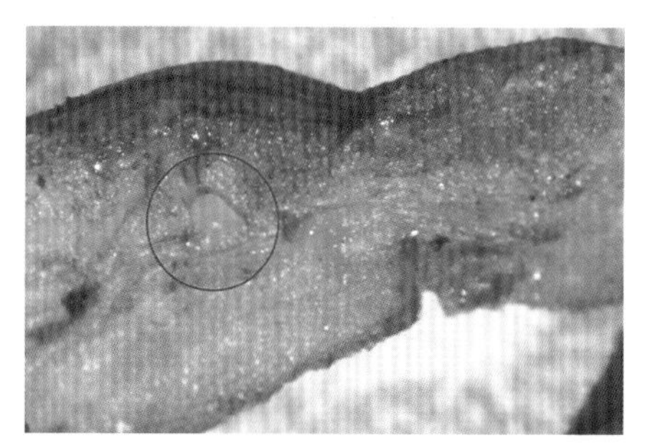
被害根系中的根结线虫雌成虫

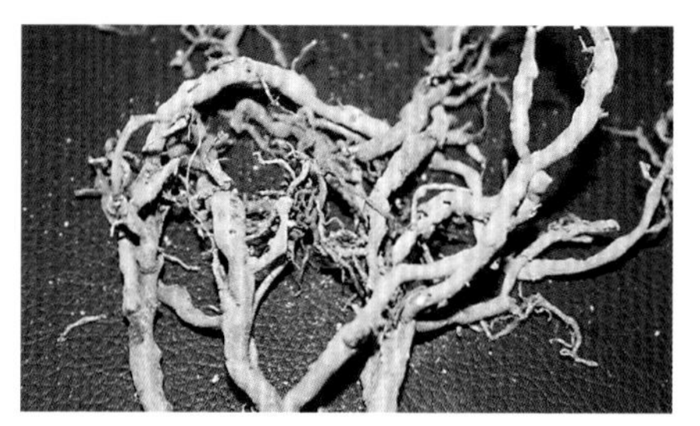
受害根分杈较少

植株枯死

## 发生特点

| | |
|---|---|
| 病害类型 | 线虫病害 |
| 病　　原 | 南方根结线虫（*Meloidogyne incognita*），为线形动物门垫刃目异皮科根结亚科根结线虫属线虫 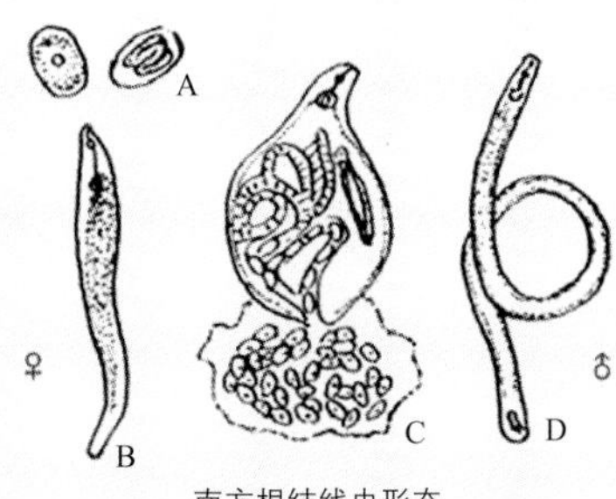  南方根结线虫形态<br>A. 卵　B. 幼虫　C. 雌成虫　D. 雄成虫 |
| 越冬场所 | 主要以卵囊或二龄幼虫在土壤中越冬，可存活3年之久 |
| 传播途径 | 主要借助灌水，病土，带病种子、苗木和其他营养材料及农事操作等传播 |
| 发病原因 | 土壤pH 4 ～ 8、土温20 ～ 30℃、土壤相对湿度40%～ 70%有利于线虫的繁殖和生长发育。沙土常较黏土发病重，连作地发病重。地势高燥、土壤质地疏松、盐分低等利于线虫病发生。猕猴桃根结线虫为害根系造成的伤口有利于猕猴桃根腐病等侵染，加重病害发生 |
| 病害循环 | 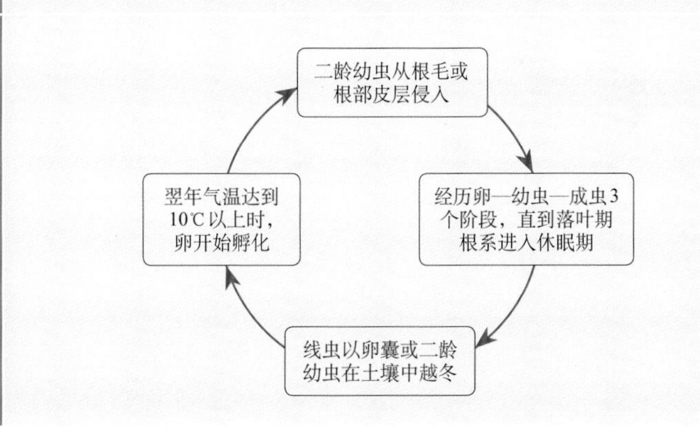  |

**防治适期** 栽植期和发病初期。

## 防治措施

（1）**严格检疫**　严禁疫区苗木进入未感染区是预防的关键。不从病区引入苗木，新猕猴桃园栽种的苗木要严格检查，绝不用带线虫的苗木。

（2）**选用抗线虫砧木，培育无病苗木**　应选用抗线虫砧木如软枣猕猴桃作砧木。苗圃不宜连作。

（3）**加强栽培管理**　增施有机肥，有机肥中的腐殖质在分解过程中分泌一些物质对线虫不利，另外，有机肥中也有侵染线虫的真菌、细菌和肉食线虫，能够起到生物防治的作用。

（4）**病苗在栽植前及时处理**　发现有线虫为害的苗木坚决销毁，并对同来源的其他未显示病害症状的苗木及时处理，用48℃温水浸根15分钟，可杀死根瘤内的线虫。发现已定植苗木带虫时，挖除粉碎深埋，并将带虫苗木附近的根系土壤集中深埋至地面50厘米以下。

（5）**药剂防治**　果园发现根结线虫可用1.8%阿维菌素乳油0.6千克/亩，兑水200千克浇施于病株根系分布区。也可用10%噻唑膦颗粒剂1.3～2.0千克/亩，与湿土混拌后在树盘下开环状沟施入，沟深3～5厘米，或全面撒施后浅翻3～5厘米，隔3周施1次，连施2次。土壤干燥时可适量灌水。也可用每克含2亿活孢子的淡紫拟青霉粉剂3～5千克/亩拌土撒施在病树周围，浅翻3～5厘米即可，或每克含2亿活孢子的淡紫拟青霉粉剂500～800倍液灌根，但注意不能与农药同时灌根使用。

## 猕猴桃花腐病

**田间症状**　猕猴桃花腐病可为害猕猴桃的花柄、花蕾、花、幼果和叶片。发病初期，感病的花蕾和萼片上出现褐色凹陷斑，之后花瓣变为橘黄色，花开时变褐色，并开始腐烂，花很快脱落。受害轻时花虽能开放，但花药和花丝变褐或变黑后腐烂。受害严重时，花蕾不能开放，花萼褐变，花丝变褐腐烂，花蕾脱落。感病重的花苞切开后，内部呈水渍状、棕褐色。病菌入侵子房后，常引起大量落蕾、落花，偶尔能发育成小果的，多为畸形果。花柄染病，病菌多从侧蕾疏除的伤口侵入，再向两边扩展蔓延，导致腐烂，造成落蕾落花。受害叶片出现褐色斑点，逐渐扩大导致整叶腐烂，凋萎下垂。严重时引起大量落花落果，造成小果和畸形果，严重影响猕猴桃的产量和品质。

花蕾褐变

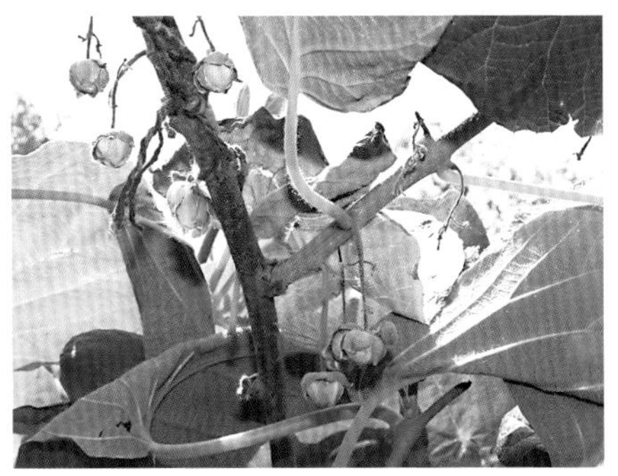

花蕾干枯死亡

花褐变、腐烂

花柄染病症状

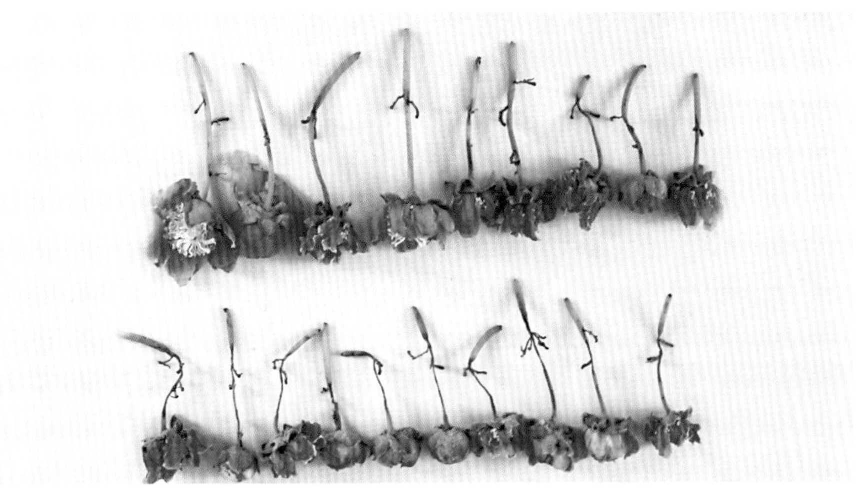

猕猴桃花腐病为害花柄，不同发病程度的花蕾和花

## 发生特点

| | |
|---|---|
| 病害类型 | 细菌性病害 |
| 病　　原 | 绿黄假单胞菌（*Pseudomonas viridiflava*）和萨氏假单胞菌（*Pseudomonas savastanoi*），均为变形菌门γ-变形菌纲假单胞菌目假单胞菌科假单胞菌属细菌。病原菌种类因地区而异。我国湖南和意大利主要为绿黄假单胞菌。我国福建、湖北及新西兰主要为萨氏假单胞菌。生产上发现，猕猴桃溃疡病病原菌*Psa*也可引起花腐病 |
| 越冬场所 | 病原菌在树体的叶芽、花芽和土壤中的病残体上越冬 |
| 传播途径 | 主要借风、雨水、昆虫、病残体及人工授粉在花期传播 |
| 发病原因 | 其发生与花期的空气湿度、地形、品种等关系密切，花期遇雨或花前浇水，湿度较大，地势低洼、地下水位高，通风透光不良等都易发病。其严重程度与开花时间有关，花萼裂开的时间越早，病害的发生就越严重。从花萼开裂到开花时间持续得越长，发病也越严重。雄蕊最容易感病，花萼感病相对较轻 |
| 病害循环 | 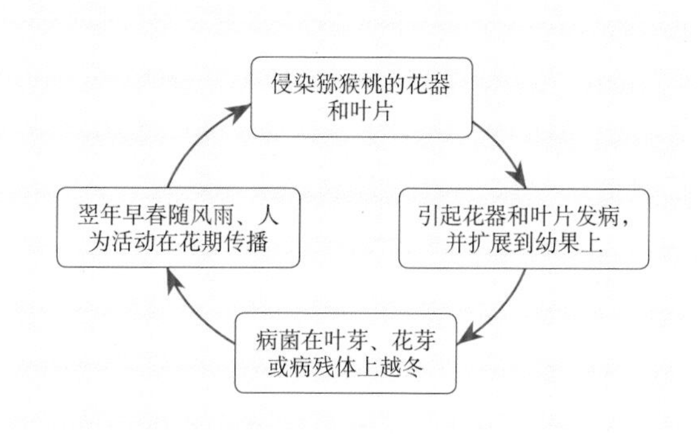 |

**防治适期** 休眠期、花蕾期和花期。

## 防治措施

（1）**加强果园管理，提高树体的抗病能力**　多施有机肥，增施磷、钾肥，合理负载，增强树势。花期一般不灌溉，以免增加果园湿度而加重病害发生。雨季注意果园排水，保持适宜的温湿度，均能减轻病害的发生。

（2）**改善花蕾通风透光条件**　栽植密度不宜过大，对于成龄盛果期果园和过密的果园注意适当间伐和修剪。合理整形修剪，花期如果架面郁闭，及时疏除过密的枝蔓和过多的花蕾，改善通风透光条件。

（3）**捡拾病花、病果**　及时将病花、病果捡出猕猴桃园集中处理，减少病源数量。

（4）**药剂防治** 采果后至萌芽前对全园喷施80～100倍波尔多液进行清园。萌芽至花期可用3%中生菌素可湿性粉剂600～800倍液，或2%春雷霉素可湿性粉剂600～800倍液，或20%噻唑锌悬浮剂500倍液，或46%氢氧化铜水分散粒剂1 000～1 500倍液喷洒全树，每10～15天喷1次。特别是疏除侧蕾（扳耳朵）后及时喷药保护疏蕾造成的伤口，防止细菌侵染。

## 猕猴桃褐斑病

猕猴桃褐斑病

**田间症状** 猕猴桃褐斑病主要为害叶片。发病初期在叶片边缘出现水渍状暗绿色小斑，后沿叶缘扩展或向内扩展，多个病斑融合，形成不规则大褐斑。病斑四周深褐色，中央褐色至浅褐色，其上散生或密生许多黑色小点粒（病原菌的分生孢子器）。多雨高湿条件下，病情扩展迅速，病斑由褐变黑，引起霉烂。叶面的病斑较小，3～15毫米，近圆形至不规则，病斑透过叶背，呈黄棕褐色。高温时被害叶片向叶面卷曲，病斑呈黄棕色，易破裂，干枯易脱落。发病后病斑扩展迅速，会造成大量落叶。尤其在果实成熟后期，发病严重时，叶片完全脱落，仅留果实，会严重影响果实的成熟和果树的生长，同时落叶后造成枝蔓大量芽萌发新梢，影响下一年的结果和生长。

叶片上的褐色病斑

叶片边缘病斑融合

叶片向叶面卷曲

猕猴桃褐斑病导致落叶

猕猴桃褐斑病导致落叶后芽萌发

猕猴桃褐斑病导致落叶萌发秋梢

## 发生特点

| | |
|---|---|
| 病害类型 | 真菌性病害 |
| 病　　原 | 病原是一种小球壳菌（*Mycosphaerella* sp.），属子囊菌门真菌 |
| 越冬场所 | 病原菌以分生孢子器、菌丝体和子囊壳等随病残体（主要是病叶）在地表越冬 |
| 传播途径 | 借风雨飞溅传播 |
| 发病原因 | 南方猕猴桃产区5～6月恰逢雨季，气温20～24℃发病迅速，7～8月气温25～28℃，病叶大量枯卷脱落，严重影响猕猴桃果实成熟和树体生长。地下水位高、排水能力差的果园发病较重。通风透光不良及湿度过大，也会导致病害大发生 |

（续）

| 病害循环 | 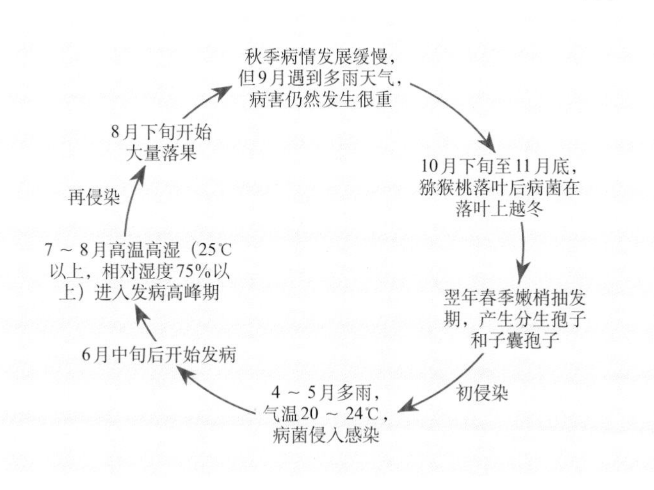 |
|---|---|



**防治适期** 花后5～6月初侵染期，7～8月发病高峰期。

**防治措施**

（1）**加强果园管理** 增施有机肥或磷、钾肥，改良土壤，培肥地力。根据树势合理负载，适量留果，维持健壮的树势。科学整形修剪，注意夏季修剪，保持果园架面通风透光。夏季病害高发季节注意控制灌水和排水工作，减少发病。

（2）**冬季彻底清园** 结合冬季修剪，彻底清除枯枝、病虫枝、落叶和落果等病残体，带出果园深埋或沤肥。同时结合施基肥深翻果园土壤10～15厘米，将土表病残叶片和散落的病菌翻埋于土中，消灭越冬病原菌，减少次年侵染。

（3）**药剂防治**

①休眠期清园。猕猴桃落叶进入休眠期到萌芽前，全园喷施一遍3～5波美度石硫合剂清园。

②初侵染期预防。花后5～6月初侵染期是预防猕猴桃褐斑病的关键时期。可以选用70%甲基硫菌灵可湿性粉剂600～800倍液，或50%多菌灵可湿性粉剂600～800倍液，或75%百菌清可湿性粉剂500～600倍液，或70%代森锰锌可湿性粉剂500～800倍液，或10%多抗霉素可湿性粉剂1 000～1 500倍液等预防大发生。本时期不建议使用三唑类杀菌剂，以防造成畸形果。

③发病高峰期防治。在7～8月发病高峰期，甚至秋季雨水多的年份的9～10月，根据田间发病情况及时喷药防治。既可选用前面预防时使用的药剂，也可选用三唑类杀菌剂进行防治。如选用43%戊唑醇悬浮剂2 500～3 000倍液，或10%苯醚甲环唑水分散粒剂1 500～2 000倍液，或25%丙环唑乳油3 000倍液，或12.5%烯唑醇可湿性粉剂1 000～1 500倍液等进行喷雾防治，每7～10天喷1次，连喷2～3次，发病严重的连喷3～4次，并注意选用不同机制的药剂交替进行，以提高防治效果。

## 猕猴桃灰斑病

**田间症状** 猕猴桃灰斑病多从叶缘发病，初期呈水渍状褪绿污褐斑，之后形成灰色病斑，逐渐沿叶缘迅速纵深扩大，侵染局部或大部叶面。叶面的病斑受叶脉限制，呈不规则状。叶面暗褐至灰褐色，重病果园远看呈一片灰白，发生严重的叶片上会产生轮纹状灰斑。发生后期，在叶面病斑处散生许多小黑点（即病原菌的分生孢子器）。轮纹状病斑上的分生孢子器呈环纹排列。常造成叶片干枯、早落，影响产量。

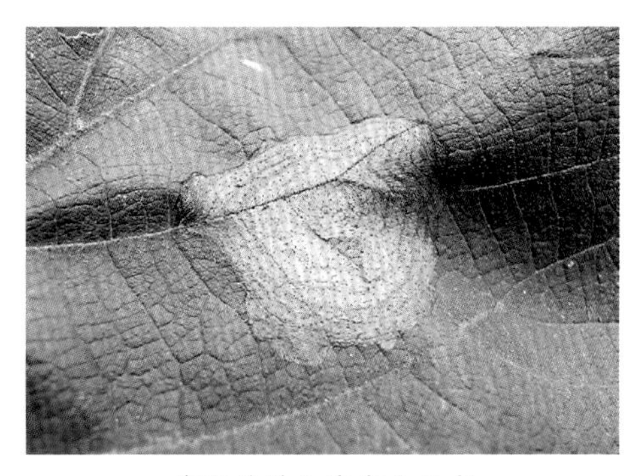

病斑处散生许多小黑点

猕猴桃灰斑病叶部症状

## 发生特点

| | |
|---|---|
| 病害类型 | 真菌性病害 |
| 病　　原 | 为烟色盘多毛孢（*Pestalotia adusta*）和轮斑盘多毛孢（*Pestalotia* sp.），均为子囊菌门黑盘孢科盘多毛孢属真菌 |
| 越冬场所 | 病菌主要以分生孢子、菌丝体及子囊壳在病叶等病残体上越冬 |
| 传播途径 | 随风雨传播 |
| 发病原因 | 高温干旱天气，土壤黏重及排水不良的低洼地易发病 |
| 病害循环 | 随风雨传播至寄主新梢叶片 → 在坏死病斑上产生繁殖体 → 病菌在病叶组织上越冬 → 翌年春季展叶后产生分生孢子和子囊孢子 → 随风雨传播至寄主新梢叶片；在坏死病斑上产生繁殖体 → 再侵染 → 随风雨传播至寄主新梢叶片 |

## 防治适期

开花前后，7 ～ 8月发病高峰期。

## 防治措施

（1）**冬季彻底清园**　冬季修剪后，将剪除的病残枝和地面的枯枝落叶清扫干净，带出果园集中深埋或沤肥处理。

（2）**加强果园管理，提高树体抗病力**　选择栽植抗病品种。合理施肥灌水，增强树势。科学修剪，合理负载，调节架面通风透光条件，保持果园适当的温湿度。

（3）**药剂防治**　冬季全园喷5 ～ 6波美度石硫合剂进行清园。开花前后各喷一次药剂进行预防，可显著减轻初侵染为害。7 ～ 8月发病高峰期，全园喷药防治。可选用70%甲基硫菌灵可湿性粉剂600 ～ 800倍液，或70%代森锰锌可湿性粉剂600 ～ 800倍液，或50%多菌灵可湿性粉剂500 ～ 600倍液，或75%百菌清可湿性粉剂500 ～ 600倍液，或10%多抗霉素可湿性粉剂1 000 ～ 1 500倍液等，进行树冠喷雾，每隔7 ～ 10天1次，连喷2 ～ 3次。

## 猕猴桃轮纹病

**田间症状** 猕猴桃轮纹病主要为害猕猴桃叶片、枝干和果实，造成叶片枯萎、枝干溃疡干枯和果实腐烂。

为害叶片从叶缘开始发病，病斑近圆形或不规则，灰白色至褐色，边缘深褐色，有同心轮纹，与健康部分界明显，病斑上散生大量小黑点（分生孢子器）。严重时叶片病斑相互融合，焦枯脱落。

枝干发病时多以皮孔为中心，形成多个褐色水渍状病斑，逐渐扩大形成扁圆形或椭圆形凸起，病斑处皮孔多纵向开裂，露出木质部，使树势严重削弱或枝干枯死。

果实受害后生长季节处于潜伏状态，不表现症状，采收入库储藏后发病。多在果脐部或一侧发病，病斑淡褐色，表皮下的果肉呈白色锥体状腐烂，腐烂部四周有水渍状黄绿色斑，外缘一圈深绿色，表皮与果肉易分离。果实后熟后病斑褐色，略凹陷但不破裂，病斑下果肉淡黄色，较干燥，果肉呈海绵状空洞。

猕猴桃轮纹病叶部症状

猕猴桃轮纹病果实症状

**发生特点**

| 病害类型 | 真菌性病害 |
|---|---|
| 病　　原 | 大茎点霉（*Macrophoma* sp.），为子囊菌门大茎点霉属真菌 |
| 越冬场所 | 病菌以菌丝体、分生孢子器和子囊壳在病枝、病叶、病果组织内越冬 |

（续）

| | |
|---|---|
| 传播途径 | 通过风雨或雨水飞溅传播 |
| 发病原因 | 管理粗放、树势衰弱、田间积水或高湿发病重 |
| 病害循环 | 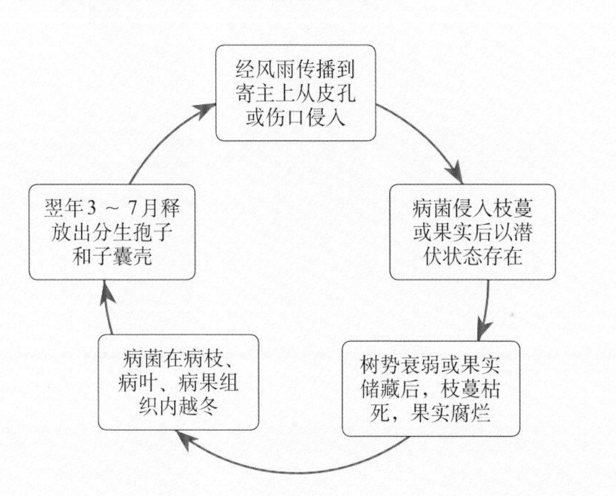 |

**防治适期** 4月开始发病时。

**防治措施**

（1）**加强栽培管理** 合理施肥、适量挂果，促使树体生长健壮，增强抗病力。雨季注意果园排水。采果后，结合冬剪，剪除病枝，清扫田间枯枝落叶，集中喷药后沤肥或深埋，减少病菌越冬基数。

（2）**药剂防治** 早春萌动期喷3～5波美度石硫合剂，减少越冬菌源。从4月病菌开始传播时，选用1∶0.7∶200波尔多液，或50%代森锰锌可湿性粉剂800～1 000液，或70%甲基硫菌灵可湿性粉剂600～800倍液，或50%多菌灵可湿性粉剂500～600倍液，或10%苯醚甲环唑水分散粒剂1 500～2 000倍液，每隔10～15天喷1次，连喷2～3次，采果前喷1次，注意药剂交替使用。

## 猕猴桃白粉病

**田间症状** 猕猴桃白粉病发病初期在叶面上产生针头小点，以后逐步扩大，感病叶片正面可见圆形或不规则褪绿病斑，背面则着生白色至黄白色粉状霉层，后期散生许多黄褐色至黑褐色闭囊壳小颗粒。叶片卷缩、干枯，易脱落，严重者新梢枯死。

猕猴桃白粉病叶面出现的褪绿斑

猕猴桃白粉病叶背出现的橙色霉层

猕猴桃白粉病叶背出现的白色和橙色混合霉层

猕猴桃白粉病严重发生症状

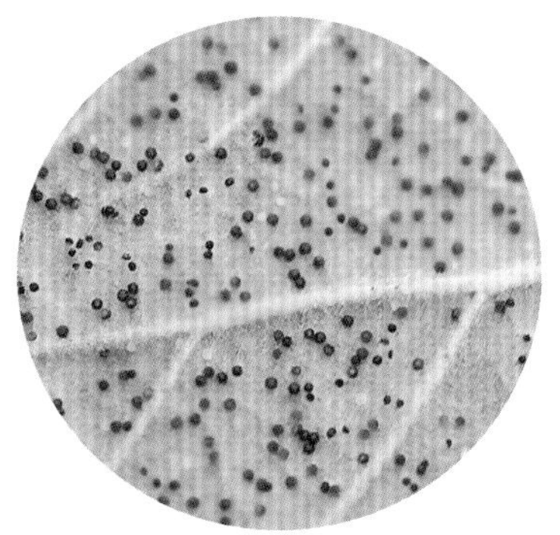

猕猴桃白粉病叶片上散生的闭囊壳
（白色为正在发育的；黑褐色为成熟的）

## 发生特点

| | |
|---|---|
| 病害类型 | 真菌性病害 |
| 病　　原 | 阔叶猕猴桃球针壳白粉菌（*Phyllactinia imperialis*）和大果球针白粉菌（*Phyllactinia imperialis*），为子囊菌门白粉菌目白粉菌科球针壳属真菌 |
| 越冬场所 | 病原菌以菌丝体在被害组织内或鳞芽间越冬 |
| 传播途径 | 借风传播 |
| 发病原因 | 在温度25 ~ 28℃、相对湿度大于75%时有利于发病。雨水不利于病菌孢子萌发，梅雨季节不发病，多在秋季为害。栽植过密，氮肥施用偏多，造成枝叶幼嫩徒长和通风透光不良均有利于病害的发生 |
| 病害循环 | 借风传播，从叶片气孔、伤口侵入为害 → 引起发病 → 病菌在被害组织内或鳞芽间越冬 → 翌年春季条件适宜产生分生孢子 → 借风传播，从叶片气孔、伤口侵入为害 |

**防治适期** 7月上中旬开始发病时。

**防治措施**

（1）**加强果园管理**　增施有机肥和磷、钾肥，提高植株抗病能力。及时摘心绑蔓，使枝蔓在架面上分布均匀，保持通风透光良好。结合冬季修剪，及时剪除病枝蔓、病叶，集中烧毁。

（2）**药剂防治**　冬季及时喷施3 ~ 5波美度石硫合剂1 ~ 2遍，并注意清园。发病初期选用1 ∶ 2 ∶ 200波尔多液，或0.3 ~ 0.5波美度石硫合剂，或25%三唑酮可湿性粉剂2 000倍液，或15%三唑酮可湿性粉剂1 000倍液，或50%甲基硫菌灵可湿性粉剂1 000 ~ 1 200倍液，或45%硫黄悬浮剂500倍液，或42.4%唑醚 · 氟酰胺悬浮剂2 500 ~ 3 000倍液等进行喷雾防治，每隔7 ~ 10天喷1次，连喷2次。

## 猕猴桃花叶病毒病

**田间症状** 该病的主要症状是出现花叶，严重影响叶片的光合作用。叶部有鲜黄色或黄白色不规则线状或片状斑，病健部交界明显，叶脉和脉间组织均可以发病。

猕猴桃花叶病毒病早期症状

猕猴桃花叶病毒病中期症状

猕猴桃花叶病毒病后期症状

## 发生特点

|  |  |
| --- | --- |
| 病害类型 | 病毒性病害 |
| 病　原 | 花叶病毒病的病原可能为黄瓜花叶病毒（CMV）、长叶车前花叶病毒（RMV）和芜菁脉明病毒（TVCV）等病毒的一种或几种 |
| 越冬场所 | 主要在病枝中越冬 |
| 传播途径 | 刺吸性口器害虫为害或园艺工具接触和嫁接感染均可引起该病传播蔓延 |
| 发病原因 | 20 ～ 26℃的持续低温阴雨天气发病重。负载大、结果多，肥水管理跟不上引起树势衰弱时易发病 |

**防治适期** 生长季初感染期。

## 防治措施

（1）**选育抗病品种，培育无病毒苗木**　组织培养脱毒苗木，进行无毒化栽培。

（2）**加强树体管理，增强抗病性**　增施有机肥，提高土壤肥力，改善土壤团粒结构，培育土壤有益微生物菌群，养根壮树。合理修剪，合理负载，提高树体抗病力。

（3）**清除染病植株**　生长季初感染的病毒病有其局限性，需及时发现，及时清除，并将病株周围的土壤翻开，暴晒5 ～ 7天，所用工具也要暴晒2小时以上杀灭病毒。

（4）**切断传播途径**　修剪完病株后用70%酒精或高锰酸钾500倍液消毒修剪工具，以防交叉感染，避免通过工具传毒。用未消毒的工具修剪无病毒植株，容易造成病毒的机械传播。

（5）**药剂防治**　发病初期，及时喷施20%吗胍·乙酸铜可湿性粉剂500倍液，或0.5%香菇多糖水剂300倍液，或NS-83增抗剂100倍液，或20%盐酸吗啉胍可湿性粉剂800倍液，或8%宁南霉素水剂1 500倍液，或2%氨基寡糖素水剂300倍液，或0.06%甾烯醇微乳剂1 500倍液。喷药次数视病情和防效决定，一般每隔7 ～ 10天喷1次，连喷2 ～ 4次。以上药剂可以交替使用，并且要及时喷药防治刺吸式害虫如叶蝉、蚜等，防止病毒的扩散传播。

## 猕猴桃褪绿叶斑病毒病

**田间症状** 猕猴桃褪绿叶斑病毒病症状为叶脉附近呈现不规则褪绿斑，病部叶肉组织发育不良，局部变薄，呈浅绿色，与正常组织形成厚薄不一的叶面。

猕猴桃褪绿叶斑病毒病叶部症状

**发生特点**

| | |
|---|---|
| 病害类型 | 病毒性病害 |
| 病　　原 | 番茄斑萎病毒属病毒、猕猴桃病毒A、猕猴桃病毒B、猕猴桃属柑橘叶斑驳病毒、猕猴桃属褪绿环斑病毒、褪绿叶斑病毒（CLSV）等都可能引起猕猴桃褪绿叶斑病毒病 |
| 越冬场所 | 主要在病枝中越冬 |
| 传播途径 | 刺吸性口器害虫为害或园艺工具接触和嫁接感染均可引起该病传播蔓延 |
| 发病原因 | 20 ～ 26℃的持续低温阴雨天气发病重。负载大、结果多，肥水管理跟不上引起树势衰弱时易发病 |

**防治适期** 生长季初感染期。

**防治措施** 参考猕猴桃花叶病毒病。

# 猕猴桃立枯病

**田间症状** 猕猴桃立枯病多发生在育苗的中、后期。病原菌多从近土表幼苗的茎基部侵入形成水渍状椭圆形或不规则暗褐色病斑，病部逐渐凹陷、缢缩，有的渐变为黑褐色，病斑绕茎一周导致干枯死亡，但不倒伏。轻病植株仅见褐色凹陷病斑而不枯死。受害严重时，韧皮部破坏，根部呈黑褐色腐烂状，根皮层易脱落，造成死苗。苗床湿度大时，病部可见不甚明显的淡褐色蛛丝状霉层。

幼苗干枯死亡，但不倒伏

**发生特点**

| | |
|---|---|
| 病害类型 | 真菌性病害 |
| 病　　原 | 立枯丝核菌（*Rhizoctonia solani*），为担子菌门角担菌科丝核菌属真菌 |
| 越冬场所 | 病原菌以菌丝体或菌核在残留的病株上或土壤中越冬，病原菌能在土壤中存活2～3年 |
| 传播途径 | 带菌土壤是主要侵染源，病株残体、肥料等也可能带菌，病菌通过农事操作、灌溉水、昆虫传播 |
| 发病原因 | 土温13～26℃都能发病，以20～24℃为适宜。土壤pH2.6～6.9都能发病。一般多在育苗中后期发生。苗期床温较高、阴雨多湿、土壤过黏、重茬发病重。播种过密、间苗不及时、温度过高易诱发此病。天气潮湿适于病害的大发生，多年连作地发病常较重 |

（续）

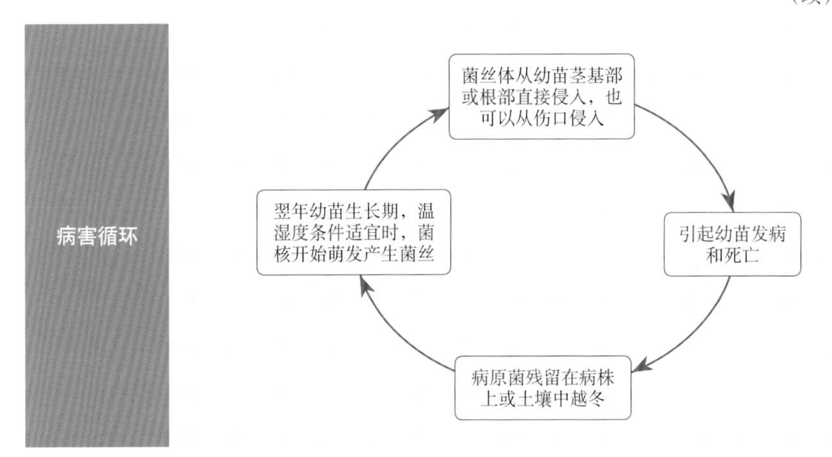


**防治适期** 育苗的中后期。

**防治措施**

（1）**加强苗床管理** 苗床选择地势较高、排水良好的地块。选用疏松肥沃无病的沙壤土，忌用重黏土做床土。不施用带病菌的未腐熟肥料，施用充分腐熟的有机肥。严格控制苗床及扦插床的浇灌水量，注意及时排水。注意通风，晴天要遮阴，以防土温过高灼伤苗木造成伤口而感染病菌。

（2）**注意苗圃清洁卫生** 及时处理病株残余，发现病株及时拔除并集中深埋。

（3）**苗床消毒** 对被污染的苗床，可用甲醛进行土壤消毒，每平方米用甲醛50毫升，加水8～12千克浇灌于土壤中，浇灌后隔1周以上方可用于播种栽苗；或用40%五氯硝基苯粉剂与65%代森锌可湿性粉剂等量混合，每平方米用混合粉剂8～10克，撒施土中，并与土混合均匀。

（4）**药剂防治** 发病初期开始施药，可选择75%百菌清可湿性粉剂800～1 000倍液，或50%福美双可湿性粉500倍液，或65%代森锌可湿性粉剂600倍液，或72.2%霜霉威盐酸盐水剂400倍液，或15%噁霉灵水剂450～500倍液，每平方米用药液3升，进行喷雾防治。间隔7～10天喷1次，视病情连防2～3次。若猝倒病与立枯病混合发生时，可用72.2%霜霉威盐酸盐水剂800倍液加50%福美双可湿性粉剂800倍液喷淋，每平方米苗床用兑好的药液2～3升。

## 猕猴桃灰霉病

猕猴桃灰霉病主要发生在猕猴桃花期、幼果期和储藏期。在严重年份果园发病率和储藏期发病率可达50%以上，严重影响猕猴桃的生产。

**田间症状** 猕猴桃灰霉病主要为害花、幼果、叶及储藏期的果实。花染病后变褐并腐烂脱落，湿度大时腐烂的花上出现灰白色霉层。幼果发病先在残存的雄蕊和花瓣上感染，从果蒂处侵入出现水渍状斑，然后幼果茸毛变褐，果皮受侵染形成褐色腐烂病斑，并扩展到全果，果顶一般保持原状，湿度大时病果皮上出现灰白色霉状物，加上与从铅丝架流下的黑水混合，果实表面形成灰黑色污染物，严重时可形成僵果，造成落果。果实受害后表面形成的灰褐色菌丝和孢子交织在一起，可产生黑色片状菌核。储藏期果实易被病果感染。病花或病果掉到叶片上后，多从叶缘发病，初期在叶片上形成水渍状斑点，后由叶缘向内呈V形扩展，继而形成灰褐色的水渍状病斑，有时病斑具有轮纹。严重时病斑扩展至整个叶片，导致叶片腐烂脱落，空气潮湿时病部形成灰褐色霉层。

腐烂的花上出现灰白色霉层

幼果上的褐色病斑

僵　果

成熟期果实被害状

叶片病斑沿叶缘呈V形扩展

叶片多从花瓣掉落的地方开始发病，形成褐色坏死斑

## 发生特点

|  |  |
| --- | --- |
| 病害类型 | 真菌性病害 |
| 病 原 | 灰葡萄孢（*Botrytis cinerea*），为子囊菌门核盘菌科葡萄孢属真菌<br><br>灰葡萄孢分生孢子梗及分生孢子 |
| 越冬场所 | 病原菌主要以菌核越冬，也能以菌丝体或分生孢子随病残体遗落在土中越冬 |
| 传播途径 | 随风雨传播 |
| 发病原因 | 温度15 ~ 20℃、持续高湿、阳光不足、通风不良、雨水多易发病，且发病重 |
| 病害循环 | 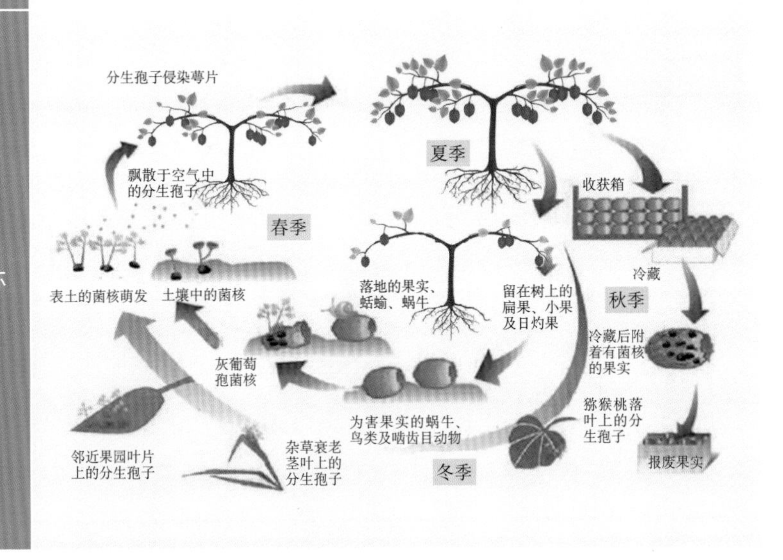 |



## 防治适期 花期前后、幼果期和采果前。

## 防治措施

（1）**加强管理，增强树体抗病性，降低果园湿度** 实行垄上栽培，避免密植。保持良好的通风透光条件。对过旺的枝蔓进行夏剪，改善通风透光条件，降低园内湿度。合理灌溉，一般花期不要灌溉，如天气干燥，最好在花蕾期灌溉；同时雨天注意果园排水。

（2）**及时检查，清除病果** 疏除病果，捡拾病落果，带至园外深埋，防止传播蔓延。

（3）**科学采收和储藏** 采果时要避开阴雨和露水未干的时间，同时要佩戴手套，轻采轻放尽量避免果实受伤，严格检查，去除病果，防止二次侵染。入库后，适当延长预冷时间，降低果实温度和湿度，再进行包装储藏。

（4）**药剂防治** 花期前后、幼果期和采果前是防治关键时期。花前可以选用50%腐霉利可湿性粉剂600～800倍液，或50%乙烯菌核利可湿性粉剂500～600倍液，或50%异菌脲可湿性粉剂800～1 000倍液，或40%嘧霉胺悬浮剂800～1 000倍液，或10%多抗霉素可湿性粉剂800～1 000倍液等喷雾。每隔7天喷1次，连喷2～3次。夏剪后，喷保护性杀菌剂或生物制剂。果实采收前15～20天喷1次杀菌剂，防止带病入库造成烂库。

## 猕猴桃菌核病

**田间症状** 猕猴桃菌核病主要为害花和果实。雄花受害后呈水渍状，随后变软，衰败凋残而变成褐色团块。雌花被害后花蕾变褐枯萎。多雨条件下病部长出白色霉状物。果实受害，出现水渍状褪绿斑，病部凹陷，渐转至软腐，少数果皮破裂溢出汁液而僵缩，后期在罹病果皮的表面，产生不规则黑色菌核。为害严重时果实大量脱落。病果不耐储运，易腐烂。

雄花凋残变成褐色团块

果实表面产生黑色菌核

## 发生特点

| | |
|---|---|
| 病害类型 | 真菌性病害 |
| 病　　原 | 核盘菌（*Sclerotinia sclerotiorum*），为子囊菌门锤舌菌纲柔膜菌目核盘菌科核盘菌属真菌<br>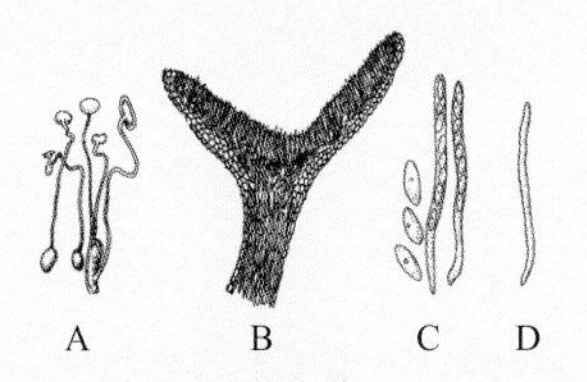<br><br>核盘菌<br>A. 菌核萌发形成子囊盘 B. 子囊盘纵剖面 C. 子囊和子囊孢子 D. 侧丝 |
| 越冬场所 | 病菌以菌核在土壤中或附于病残体上在土表越冬 |
| 传播途径 | 借风雨传播 |
| 发病原因 | 温度20 ~ 24℃、相对湿度85% ~ 90%时，发病迅速。春季温暖多雨，土壤潮湿，有利于菌核萌发，产生的子囊孢子越多，发病越重。若猕猴桃开花期遇到连阴雨天或低温侵袭则可能大量发病 |
| 病害循环 | 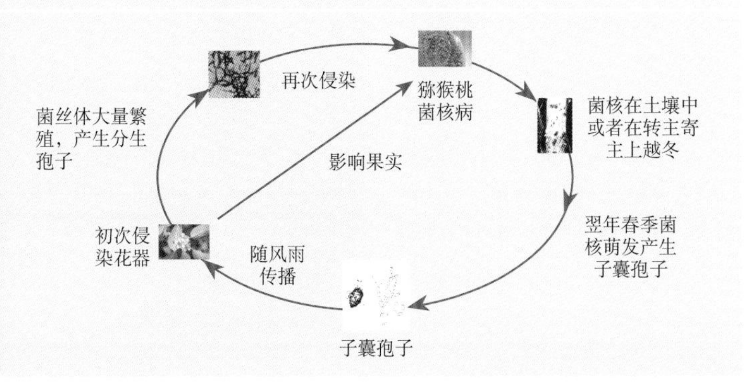<br> |

**防治适期** 花前、落花期和收获前。

**防治措施**

（1）**冬季彻底清园** 结合施基肥，翻埋表土至10 ~ 15厘米深，深埋地表菌核可使其不能萌发，减少初侵染源。

（2）**处理病落果** 发病期及时捡拾病落果，带出果园深埋处理。

（3）**药剂防治** 一般根据发病情况，在花前、落花期和收获前各喷1次药，如花期受害严重，可在蕾期增喷1次。可以选用40%菌核净可湿性粉剂800 ~ 1 000倍液，或50%乙烯菌核利800 ~ 1 000倍液，或50%异菌脲可湿性粉剂1 000 ~ 1 500倍液，或50%腐霉利可湿性粉剂600 ~ 800倍液。

## 猕猴桃炭疽病

**田间症状** 猕猴桃炭疽病可为害叶片、枝蔓和果实。叶片染病从叶片边缘开始发病，呈水渍状病斑，后变为褐色不规则病斑，病健部交界分明。后期病斑中间变为灰白色，边缘深褐色。天气潮湿时病斑上产生许多散生小黑点（分生孢子盘）。发病严重时病斑相互融合成大斑，干燥时叶片易破裂，受害叶片边缘卷曲，出现大量落叶。受害枝蔓上呈现周围褐色、中间有小黑点的病斑。果实受害先出现水渍状、圆形、褐色病斑，后形成不规则褐色腐烂，病斑中央稍凹陷，由病部剖开，病部果肉变褐腐烂，有苦味，剖面呈圆锥状或漏斗状。潮湿时病部分泌出肉红色分生孢子块。

猕猴桃炭疽病

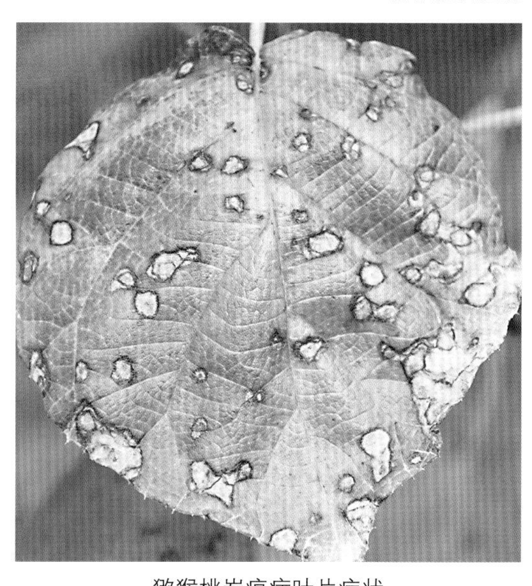
猕猴桃炭疽病叶片症状

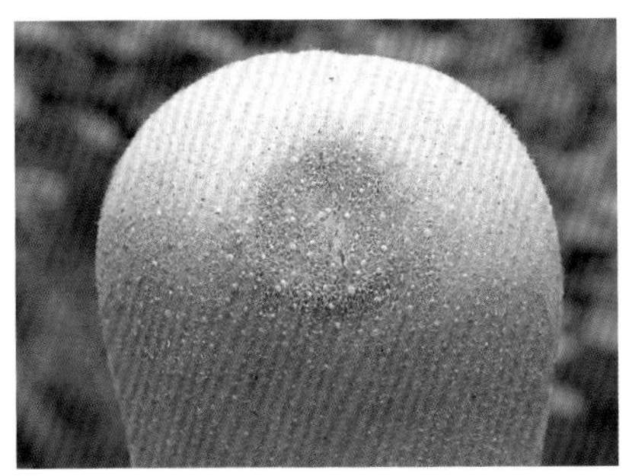

果实病斑中央稍凹陷

病果剖面

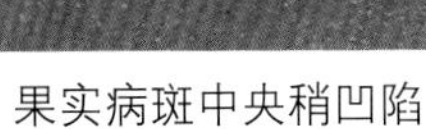

## 发生特点

| | |
|---|---|
| 病害类型 | 真菌性病害 |
| 病 原 | 胶孢炭疽菌（*Colletotrichum gloeosporiodes*），为子囊菌门小丛壳科炭疽菌属真菌 |
| 越冬场所 | 病菌以菌丝体或分生孢子在病残体或芽鳞、腋芽、病果等部位越冬 |
| 传播途径 | 通过风雨或昆虫传播 |
| 发病原因 | 该病属于高温高湿病害，高温多雨时发病严重。地势低洼、排水不良、架面郁闭、通风不畅的果园发病严重 |
| 病害循环 | 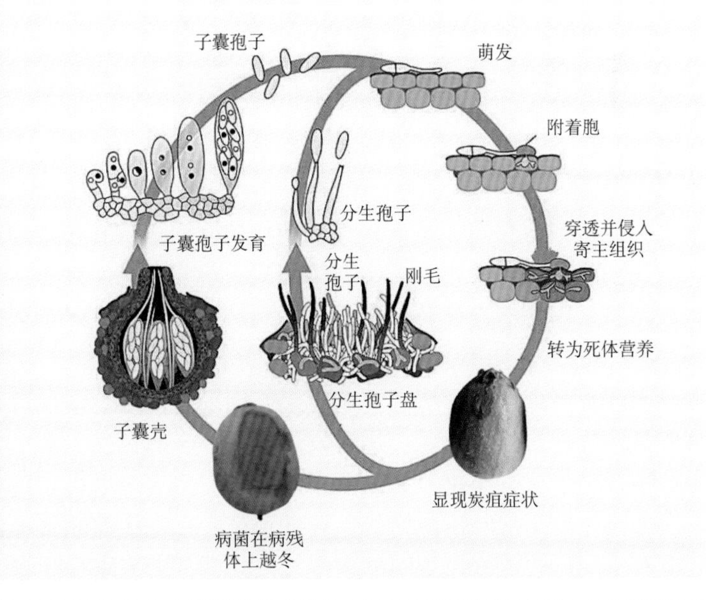 |

**防治适期** 萌芽抽梢期。

**防治措施**

（1）**加强综合管理，增强树势，提高树体抵抗力** 加强土肥水管理，重施有机肥，合理施用氮、磷、钾肥，维持健壮的树势，提高植株抗病能力。

（2）**降低果园湿度，改善通风透光性** 合理负载，科学整形修剪，及时摘心绑蔓，创造良好的通风透光条件，减轻病害的发生。注意雨后排水，防止积水。

（3）**清除田间病原菌** 冬季结合修剪，彻底清除落叶、病枝、病果；生长季及时清除病果、落果等，集中带到果园外处理，减少病源。

（4）**药剂防治** 猕猴桃萌芽抽梢期的发病初期开始喷药，可以选用65%代森锌可湿性粉剂500倍液，或50%代森铵水剂800倍液，或80%代森锰锌可湿性粉剂800～1 000倍液，或75%百菌清可湿性粉剂600～800倍液，或70%甲基硫菌灵可湿性粉剂600～800倍液，或45%咪鲜胺水乳剂1 000～1 500倍液，或30%苯醚甲环唑悬浮剂1 500～2 000倍液等，每隔10～15天喷1次，连喷3～4次。

## 翠香猕猴桃果实黑斑病

翠香猕猴桃果实黑斑病是猕猴桃生产中为害翠香猕猴桃的一种果实黑斑病害，主要为害翠香猕猴桃果实头部，果实脐部周围表面出现许多黑色小斑点，严重时变成黑色，所以又称翠香黑头病。

**田间症状** 该病不但在果实成熟期造成严重落果，而且入库储藏后影响果实的储藏性容易造成烂库现象，使货架期变短，直接影响销售，造成严重经济损失。目前发现该病主要为害翠香猕猴桃果实表皮。果实受害发病后，在脐部周围出现黑色针头大小的病斑，随病情发展黑色病斑部分稍凸起呈疱疹状，部分不凸起。随果实生长，黑斑数增加，逐渐扩大连成一片，出现片状或块状黑斑，严重时果脐周围大部分变成黑色，果皮出现黑色病斑，呈现出黑头症状。病情发展过程中，黑色病斑会从果脐部向果实中部扩展蔓延，甚至可以扩展到果肩周围，但大多以果实脐部和果实中部发病普遍。黑头病与健康果的主要区别仅为果实表面的果皮差异，果肉部分没有不同，去除病斑周围的表皮，果肉部分没有出现症状。受害后一般

会促进果实成熟变软，严重时造成果实软熟，出现大量落果。受害果实采收后，显著特征就是软得快不耐储藏，货架期变短，果实发病部位容易软熟，病果变软、发黑，最后腐烂导致烂库，但果面受害黑色病斑并未出现继续扩展的迹象。

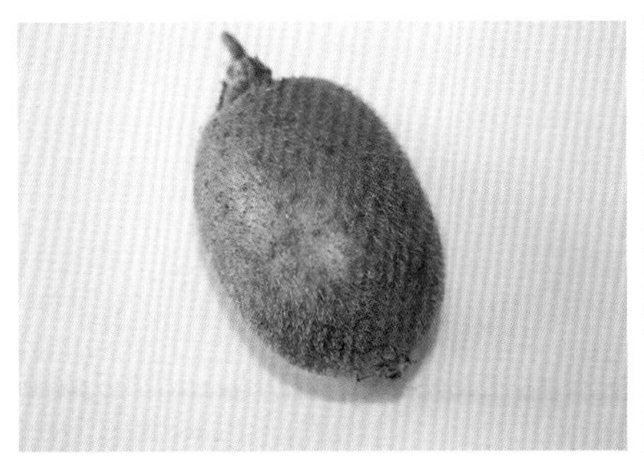

翠香猕猴桃果实黑斑病表皮症状

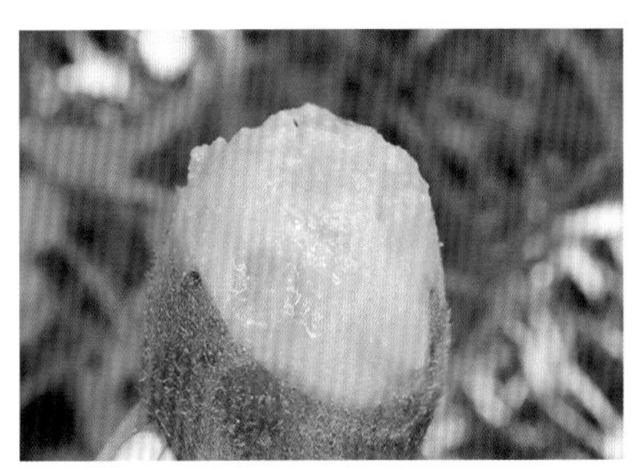

翠香猕猴桃果实黑斑病导致果肉变软

翠香猕猴桃黑斑病严重发病状

翠香猕猴桃果实黑斑病导致大量落果

储藏期翠香猕猴桃果实黑斑病症状

**发生特点**

| | |
|---|---|
| 病害类型 | 真菌性病害 |
| 病　　原 | 病原不明，可能为枝孢霉或拟茎点霉等。也可能是生理性因素和致病病原共同作用的结果 |
| 越冬场所 | 主要在病落果等上越冬 |
| 传播途径 | 通过风雨传播 |
| 发病原因 | ①气候因素。7～8月高温高湿条件下，黑头病有加重危害的趋势。夏季雨水较多，高温高湿时发病严重。容易积水、地势较低、湿度大的果园发病重。②果园管理因素。架面郁闭，通风透光能力差的果园发病严重。化肥施用量大，偏施氮肥，有机肥施用不足的果园发病重。另外管理不善，生长弱的果园发病重。③品种因素。调查发现黑头病仅在翠香猕猴桃果实上为害严重，而美味系的其他品种如秦美、海沃德、徐香等和中华系的红阳、脐红、华优等品种均基本不发病。这可能与翠香猕猴桃的品种特性有关，翠香猕猴桃果实果皮比较薄，而且果实含水量高，其生长阶段对外界环境如温湿度、水分及环境的变化敏感，在外界条件影响下，翠香猕猴桃果实容易感染黑头病。当然，可能只是目前还未发现其为害其他品种，还需继续调查研究 |
| 病害循环 | 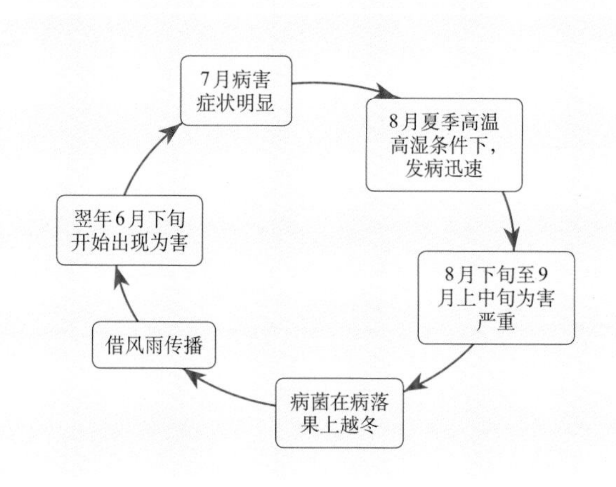 |



**防治适期** 发病初期。

**防治措施**

尽管翠香猕猴桃果实黑斑病的病原还未确定，但是根据生产上该病的症状和发病规律，采取预防为主、综合防治的原则，提出其综合防控技术措施，供参考。

（1）**加强田间管理**　针对翠香猕猴桃的栽培特性，加强土肥水管理，

合理施肥，多施有机肥，减少氮肥施用量，增施磷、钾肥，促进植株健壮生长，提高植株抗病力。合理负载，科学整形修剪，避免留枝过多。密闭果园要加强夏季修剪，疏除过密的枝条，改善通风透光条件，降低果园湿度，减轻病害的发生。合理灌溉，雨后能及时排水防涝。

（2）**清除病果** 果实成熟期发病引发落果后及时捡拾落果带出果园集中处理。

（3）**补充钙肥** 翠香猕猴桃果实果皮比较薄，在花后和幼果期，及时叶面喷施钙肥补钙，可促进果实果皮发育，增强果面抵抗外界逆境条件的能力，降低发病率。一般可以喷施0.3%～0.4%硝酸钙溶液，或0.2%～0.3%氯化钙溶液，或0.3%～0.4%氨基酸钙溶液。

（4）**药剂防治** 提前进行预防。一般在幼果期结合预防褐斑病，及时喷药预防，可以选用50%多菌灵可湿性粉剂800～1 000倍液，或70%甲基硫菌灵可湿性粉剂600～800倍液，或10%多抗霉素可湿性粉剂1 000～1 500倍液，或75%百菌清可湿性粉剂600～800倍液等药剂，每隔10～15天喷1次，连喷2～3次。发病严重时可以连喷3～4次。

**温馨提示**

在药剂选择上，幼果期避免使用三唑类药剂进行预防。同时要注意药剂的浓度和混用，建议尽量喷施单剂，切忌任意加大浓度和混用，避免产生药害。7～9月发病期根据发病情况，及时喷药防治，此期可选上述推荐的药剂，也可喷施三唑类药剂防控。

## 猕猴桃细菌性软腐病

猕猴桃细菌性软腐病主要发生于猕猴桃采收后的后熟期，是猕猴桃储藏期主要病害。

**田间症状** 发病初期猕猴桃果实外观无明显症状，后被害果实局部变软，病部向四周扩展，导致猕猴桃果实褐色腐烂，果肉呈糨糊状，失去食用价值。发病严重的果实皮肉分离，果肉呈褐色、稀糊状，仅存果柱，有些甚至果柱也腐烂，果汁呈浅黄褐色，具发酵酒味和腐败味。

果实褐色腐烂

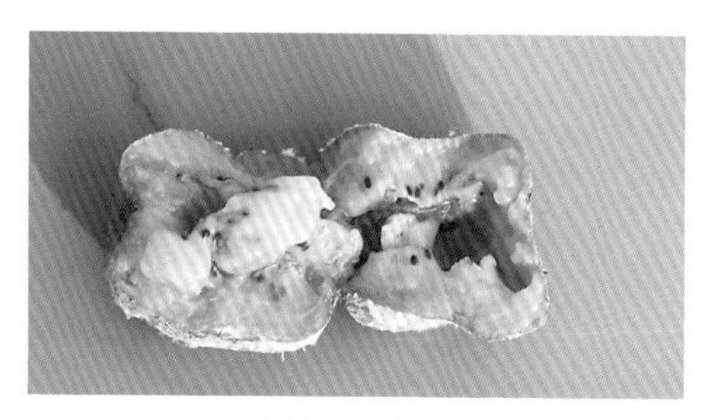

果肉呈糨糊状

**发生特点**

|  |  |
| --- | --- |
| 病害类型 | 细菌性病害 |
| 病　　原 | 欧文氏菌（*Erwinia* sp.），为变形菌门γ-变形菌纲肠杆菌目肠杆菌科欧文氏菌属杆状细菌 |
| 越冬场所 | 病菌主要在病残体上越冬 |
| 传播途径 | 通过风雨或昆虫传播 |
| 发病原因 | 潮湿、采收导致的果柄伤口、果实碰撞、果实破伤和划伤 |

**防治适期** 采收当天。

**防治措施**

（1）**科学采收**　选择晴天采果，避免在阴雨天或有露水的天气采收。采收时要注意轻摘轻放，减少碰撞，尽量避免破伤和划伤等而产生机械伤口。

（2）**做好冷库管理**　入库前做好冷库消毒工作。严格挑选无病虫果及无伤果入库储藏。冷藏果储藏至30天和60天时分别进行两次挑拣，剔除伤果、病果。

（3）**药剂防治**　对储运果在采收当天进行药剂处理后再入箱。常用药剂与浓度为：2,4-滴钠盐200毫克/千克加3%中生菌素可湿性粉剂800倍液，浸果1分钟后取出晒干，单果或小袋包装后再入箱。

## 猕猴桃褐腐病

猕猴桃褐腐病又称软腐病、果实熟腐病、焦腐病，是猕猴桃枝蔓常见

病害，也是果实成熟期和采后储藏期常见病害。

**田间症状** 猕猴桃软腐病主要为害果实，也可为害枝蔓。果实发病多发生在收获期和储运期，但病菌从花期和幼果期入侵，在果肉内长期潜伏，采摘时果实外观无明显症状，直到果实后熟期才发病出现症状。发病多从果蒂、果侧或果脐开始，发病初期出现褐色病斑，略微凹陷，果实快速变软，病斑周围呈黄绿色，随着病情发展，发病部位变软并凹陷。剥开凹陷处，病部中心呈乳白色，四周呈黄绿色，病健部交界处出现水渍状、暗绿色、较宽的环状晕圈，果肉软腐，果皮松弛，果皮易与果肉分离。纵剖软腐部位，病部呈圆锥状深入果肉内部，导致果肉组织变成海绵状，具酸臭味。

发病初期果侧出现褐色病斑，略微凹陷

猕猴桃褐腐病果实感染后期症状

猕猴桃褐腐病病果剖面症状

## 发生特点

|  |  |
| --- | --- |
| 病害类型 | 真菌性病害 |
| 病　　原 | 葡萄座腔菌（*Botryosphaeria dothidea*），为子囊菌门座囊菌纲假球壳目葡萄座腔菌科葡萄座腔菌属真菌<br>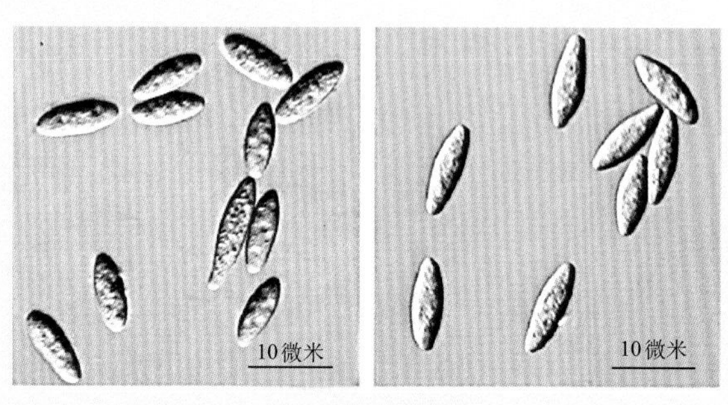<br><br>葡萄座腔菌分生孢子 |
| 越冬场所 | 以菌丝、分生孢子及子囊壳在猕猴桃枝蔓、枯枝、果柄上越冬 |
| 传播途径 | 借风雨飞溅传播 |
| 发病原因 | 温度和湿度是影响猕猴桃褐腐病发生的决定性因素，病原菌生长适温为23～25℃，子囊孢子的释放依靠雨水，在降雨1小时内开始释放，2小时可达高峰。储运期间20～25℃时病果率最高，可高达70%，15℃时病果率为41%，10℃时为19%。冬季受冻、排水不良、树势弱、枝蔓细小、肥水供应不足的果园发病重，枝蔓死亡多 |
| 病害循环 | 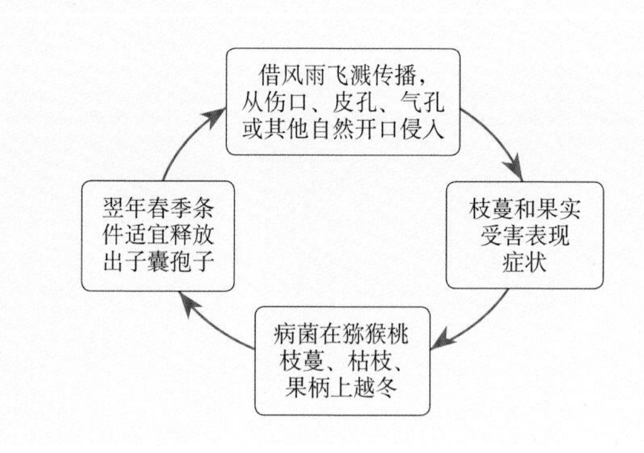<br> |

**防治适期** 开花前或谢花坐果后。

## 防治措施

（1）**加强栽培管理，合理施肥**　加强果园管理，注意开沟排水。合理

施肥，可施入硫酸钾和硫酸锰，促进植株营养生长和果实发育。

（2）**冬季修剪，清园要彻底** 应彻底清除地面枯枝落叶和落地果实，减少翌年初侵染源。对树上未修剪掉的病枯枝梢，要清查补剪。一并集中处理，减少有效菌源量。

（3）**科学采收** 采收时适当晚采，对中晚熟品种可在可溶性固形物含量8%～9%时采收。要注意轻摘轻放，尽量避免破伤和划伤等而产生机械伤口。入库前严格挑选；对冷藏果储藏至30天和60天时分别进行两次挑拣，剔除伤果、病果。

（4）**药剂防治** 果实套袋前要对果实、树体喷施杀菌剂。冬季清园结束后应结合防治其他病虫害喷一次3～5波美度石硫合剂。开花前或谢花坐果后，喷洒50%甲基硫菌灵可湿性粉剂600～800倍液，或50%多菌灵可湿性粉剂600～800倍液，或50%代森锌可湿性粉剂600～800倍液，或70%代森锰锌可湿性粉剂800～1 000倍液，或10亿CFU/克多黏芽孢杆菌可湿性粉剂600倍液，或43%戊唑醇悬浮剂3 000倍液，或50%异菌脲可湿性粉剂1 000倍液，或64%杀毒矾可湿性粉剂500倍液，或45%咪鲜胺水乳剂1 000～1 500倍液，或30%苯醚甲环唑悬浮剂1 500～2 000倍液等。在生长后期喷施1～2次50%多菌灵可湿性粉剂800～1 000倍液，可减少储运期间发病。采收后，结合防治青（绿）霉病，做防腐浸果处理，可用45%噻菌灵悬浮剂300～450倍液浸果3～5分钟，晾干后入库储藏。

## 猕猴桃膏药病

**田间症状** 猕猴桃膏药病主要为害一年生以上的枝蔓。病菌初在受害部位产生近圆形的白色菌丝斑，后扩大且中间由白色变为灰褐色至深褐色，外缘多具有一圈灰白色带，最终全部变成深褐色。病菌在枝蔓表面形成不规则或圆形的平贴状菌丝体，呈土黄色至灰褐色，也有些呈粉红色至紫红色，菌丝体后期出现龟裂，容易剥离。菌丝体在树皮表面平贴像膏药，故名膏药病。受害枝蔓逐渐衰弱，当多个病斑连成一片，或绕枝蔓一周时，枝干成段长满海绵状子实体，造成枝蔓枯死。子实体上有褐色突起，一般每个突起下面均有一个介壳虫，主要为桑白蚧等。

猕猴桃膏药病枝蔓枯萎症状

猕猴桃膏药病为害猕猴桃主干

## 发生特点

| | |
|---|---|
| 病害类型 | 真菌性病害 |
| 病　　原 | 白隔担耳菌（*Septobasidium citricolum*）和田中隔担耳菌（*Septobasidium tanakae*），为担子菌门层菌纲隔担菌目隔担菌属真菌，分别引起灰色膏药病和褐色膏药病 |
| 越冬场所 | 病菌以菌膜在病枝干上越冬 |
| 传播途径 | 通过风雨或介壳虫传播 |
| 发病原因 | 介壳虫多的果园，发生严重。偏施氮肥生长茂密，果园郁闭，管理不良发病较重。土壤严重缺硼导致猕猴桃枝干裂皮而易诱发膏药病。高温多雨的季节有利于发病 |
| 病害循环 | 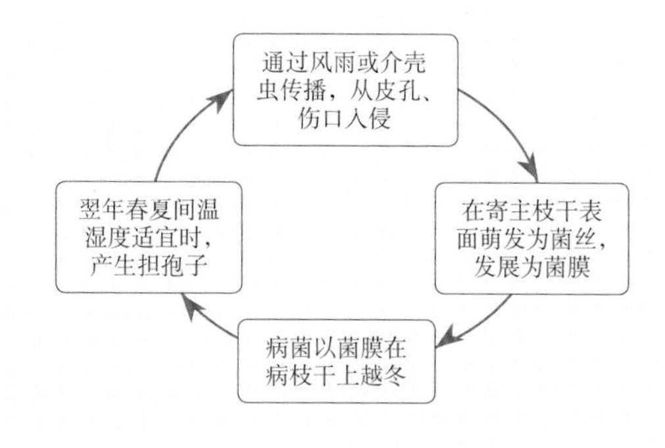 |

**防治适期** 冬季到萌芽前。

**防治措施**

（1）**合理修剪** 加强冬、夏季修剪，改善通风透光条件。剪除受害枝蔓，清除果园病虫枝、枯枝，集中处理。

（2）**药剂防治** 冬季到萌芽前，刮除病斑，用甲基硫菌灵、多菌灵或者1 ： 20石灰乳、3 ～ 5波美度石硫合剂(加0.5%五氯酚钠)涂抹杀菌，每隔 7 天1次，连涂2 ～ 3次。涂刷时注意，要从病部的外围逐渐向内部涂刷，才能收到较好的效果。将食盐、生石灰、甲基硫菌灵、水按1 ： 4 ： 0.15 ： 100的比例配成混合液喷雾，也可用20%松脂酸钠可溶粉剂800倍液，每隔7 ～ 10天喷1次，连喷2 ～ 3次来防治介壳虫。介壳虫的发生有利于猕猴桃膏药病的发生和扩展，所以要加强介壳虫的防治。

## 猕猴桃蔓枯病

**田间症状** 猕猴桃蔓枯病主要为害二年生以上的枝蔓，发病后叶片萎蔫，几天后干枯。病斑多在剪锯口、嫁接口及枝蔓分杈处，初为红褐色，微呈水渍状，逐渐扩大成长椭圆形或不规则的暗褐色病斑。后期发病部位失水，逐渐干缩下陷，病斑上散生许多小黑点（分生孢子器），潮湿时从小粒点内溢出分生孢子角，呈乳白色卷丝状。凹陷病斑环绕茎的1/2以上，病斑上部逐渐枯死。若病斑向茎的四周扩展环绕一周，则可使病斑以上的枝蔓枯死。

枝蔓病斑上散生许多小黑点

枝蔓枯死

## 发生特点

| | |
|---|---|
| 病害类型 | 真菌性病害 |
| 病　　原 | 葡萄拟茎点霉（*Phomopsis viticola*），为子囊菌门拟茎点霉属真菌，有性态为葡萄生小隐孢壳菌（*Crypotosporella viticola*），属子囊菌门真菌 |
| 越冬场所 | 病菌以菌丝体或分生孢子器在病蔓组织中越冬 |
| 传播途径 | 借风雨或昆虫媒介传播到枝蔓上，经伤口、气孔、皮孔或幼嫩组织侵入植株 |
| 发病原因 | 管理粗放、修剪过重、水肥不足、挂果过多、土质瘠薄、树势衰弱的发病重。剪锯口、虫伤、冻伤及各种机械伤口越多发生越重，特别是冻害造成的伤口是诱导该病害发生的主要条件。中华猕猴桃最易感病。降雨早、雨量大、降雨时间长、园内湿度大有利于病菌传播，发病重 |
| 病害循环 | 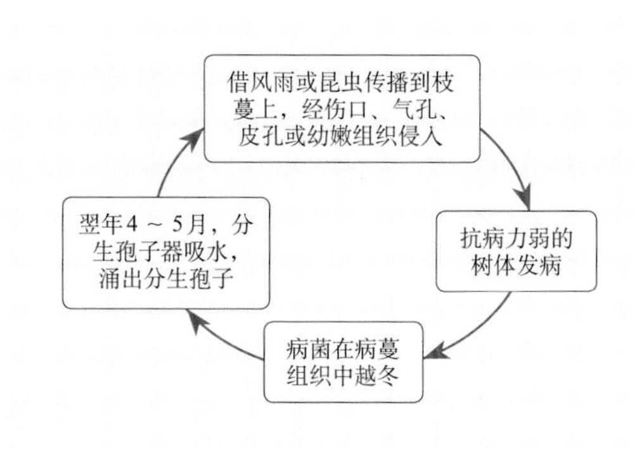 |

**防治适期**　休眠期、萌芽前、5月下旬至6月上旬发病初期。

## 防治措施

（1）**科学建园**　不在低洼易遭冻害的地方建猕猴桃园。

（2）**加强果园管理，增强树势，提高树体抗病力**　合理施肥，肥水供应充足合理，田间管理精细，挂果负载量适宜，保持植株旺盛生活力可增强树体的抗病性。科学修剪，剪除病残枝及茂密枝，调节通风透光条件，结合修剪，清理果园，将病残物及时清除，减少病源。修剪后在剪口涂抹保护剂。北方寒冷地区加强防冻措施预防冻害。注意控制灌水，地势低洼的果园，雨季注意排水。

（3）**药剂防治**　休眠期喷一次3～5波美度石硫合剂。萌芽前可喷施45%代森铵水剂400倍液或50%氯溴异氰尿酸可湿性粉剂750倍液，

铲除园内植株表面的越冬分生孢子器和分生孢子。对老蔓上的病斑，彻底刮除腐烂组织，直到可见无病的健康组织为止，并涂上石硫合剂原液，每隔7 ~ 10天涂1次，连涂3次。同时集中处理病蔓及刮下的病残体。5月下旬至6月上旬发病初期，喷施40%五氯硝基苯粉剂200 ~ 400倍液，或50%多菌灵可湿性粉剂800 ~ 1 000倍液，或80%代森锰锌可湿性粉剂800倍液，或70%丙森锌可湿性粉剂600倍液，或14%络氨铜水剂300倍液，或40%双胍三辛烷基苯磺酸盐可湿性粉剂800 ~ 1 000倍液等，交替用药，根据发病情况，每隔7 ~ 10天喷1次，连喷2 ~ 3次。

## 猕猴桃青霉病

猕猴桃青霉病是猕猴桃储藏期果实上的主要病害之一。

**田间症状** 果实发病初期，果面出现水渍状圆形病斑，病部果皮变软，褐色软腐，扩展迅速，果皮破裂，病部先长出白色霉层，随着白色霉层向外扩展，变为青色霉层，病斑中间生出黑色粉状霉层。

猕猴桃青霉病病果

## 发生特点

| | |
|---|---|
| 病害类型 | 真菌性病害 |
| 病　　原 | 意大利青霉（*Penicillium italicum*）及扩展青霉（*Penicillium expansum*），均属子囊菌门锤舌菌纲散囊菌目曲霉科青霉属真菌<br>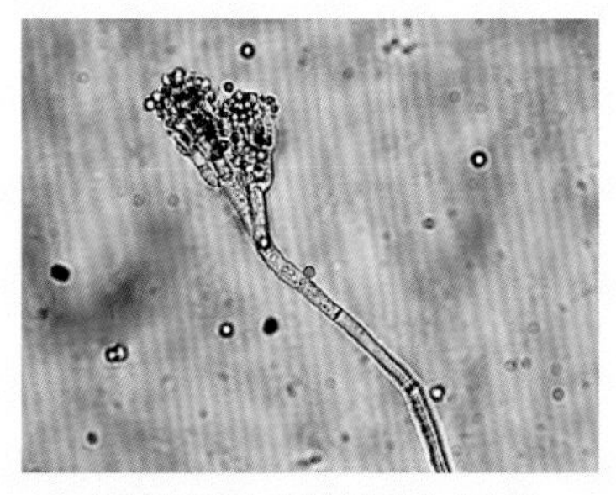<br>意大利青霉分生孢子梗和分生孢子 |
| 越冬场所 | 病菌越冬场所十分广泛，能抵抗不良环境条件，可在多种有机质和土壤中营腐生生活 |
| 传播途径 | 随雨水、气流传播，由伤口、气孔侵入果实（主要经各类伤口侵入果实），储运期间主要通过接触传播、振动传播 |
| 发病原因 | 低温高湿下易发病。过熟或长时间储藏猕猴桃果实也易遭受青霉菌侵染。果实腐烂产生大量二氧化碳，被空气中的水汽吸收产生稀碳酸，可腐蚀果皮，并使果面pH呈酸性环境，促进病菌加速侵染，导致大量烂果 |

**防治适期** 开花晚期和果实采收前2周，果实采收预冷后。

## 防治措施

（1）**科学采收**　适时细致采收，避免雨后或有露水时采果。避免产生伤口，从采收到搬运、分级、包装和储藏的整个过程，均应避免机械损伤，注意果柄不能留得过长和碰伤果皮，减少病菌侵入的伤口。

（2）**严格消毒冷库**　冷库及果筐使用前应严格消毒。储藏前用4%漂白粉澄清液喷洒库壁和地面。也可用硫黄熏蒸消毒，每立方米10克，密闭熏蒸24小时。

（3）**药剂防治**

①药剂喷雾。在开花晚期和果实采收前2周喷药预防。可以选用50%多菌灵可湿性粉剂800倍液，或50%苯菌灵可湿性粉剂1 500倍液，或70%甲基硫菌灵可湿性粉剂1 000倍液，或65%甲硫·乙霉威可湿性粉剂

1 000倍液，或50%乙霉·多菌灵可湿性粉剂800倍液，或50%咪鲜胺锰盐可湿性粉剂1 000 ~ 1 500倍液进行喷雾。

②药剂浸果。果实采收预冷后及时用药剂浸果，进行防腐处理。药剂可选用40%双胍三辛烷基苯磺酸盐可湿性粉剂1 000 ~ 2 000倍液，或50%抑霉唑乳油1 000 ~ 2 000倍液，或50%咪鲜胺可湿性粉剂1 000 ~ 2 000倍液，或45%噻菌灵悬浮液1 000 ~ 2 000倍液，或70%甲基硫菌灵可湿性粉剂或50%多菌灵可湿性粉剂500倍液浸果。也可同时加入0.02% 2,4-滴浸果，有很好的防效。浸果时间约1分钟，捞出后晾干再入库储藏。

## 猕猴桃秃斑病

**田间症状** 猕猴桃秃斑病主要为害果实，发病部位多在果肩至果腰处。发病初期，果毛由褐色渐变为污褐色，后为黑色，果皮也变为灰黑色；病斑不断扩展导致表皮和果毛一起脱落形成“秃斑”症状。外果肉表层细胞愈合形成的秃斑比较粗糙，有龟裂；而由果皮表层细胞脱落后留下的内果皮愈合成的秃斑表面光滑。湿度大时，病斑着生黑色粒状小点（分生孢子盘）。病果不脱落，不易腐烂。

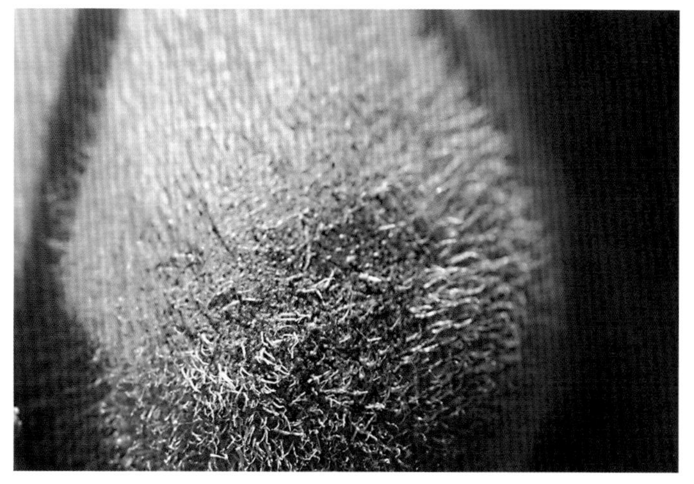

猕猴桃秃斑病病果

**发生特点**

| 病害类型 | 真菌性病害 |
| --- | --- |
| 病　　原 | 枯斑拟盘多毛孢（*Pestalotiopsis funerea*），为子囊菌门锤舌菌纲炭角菌目拟盘多毛孢属真菌 |
| 越冬场所 | 病菌在病残体中越冬 |
| 传播途径 | 随风雨吹溅传播 |
| 发病原因 | 猕猴桃秃斑病多发生在7月中旬至8月中旬的大果期。可能是病菌先侵染其他寄主后，随风雨吹溅侵染所致。湿度大，果园郁闭、通风透光能力差发病重。地势低洼、排水不良的果园发病重 |

**防治适期** 7月中旬至8月中旬的大果期。

**防治措施**

（1）**加强管理，科学修剪**　增施钾肥，避免偏施氮肥，增强抗病力。合理夏剪，保持架面下通风透光。做好果园排灌水设施，积水后及时排水。

（2）**药剂防治**　发病初期喷洒50%多菌灵可湿性粉剂600 ~ 800倍液，或70%甲基硫菌灵可湿性粉剂800 ~ 1 000倍液，或75%百菌清可湿性粉剂600 ~ 800倍液等药剂进行防治，每隔7 ~ 10天喷1次，连喷1 ~ 3次。

## 猕猴桃黑斑病

猕猴桃黑斑病又称猕猴桃霉斑病。

**田间症状** 该病主要为害叶片。染病初期在叶片正面出现褐色小圆点，四周有绿色晕圈，后扩展变大，轮纹不明显，叶片上数个或数十个病斑融合成大病斑，呈枯焦状。病斑上有黑色小霉点，即病原菌的子座。严重时叶片变黄早落，影响产量。果实受害，一般在6月上旬出现病斑，初为灰色小霉斑，逐渐扩大，形成近圆形凹陷病斑，刮去表皮可见果肉呈褐色至紫褐色坏死，形成锥状硬块。

05
猕猴桃黑斑病

猕猴桃黑斑病叶片症状

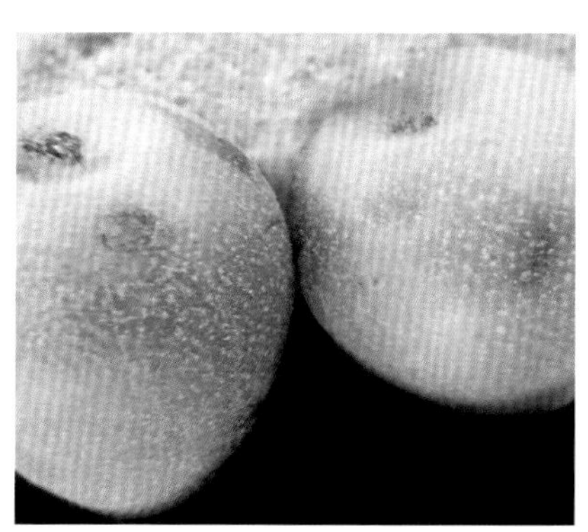

猕猴桃黑斑病果实症状

## 发生特点

| 病害类型 | 真菌性病害 |
| --- | --- |
| 病　　原 | 猕猴桃假尾孢（*Pseudocercospora actinidiae*），为子囊菌门假尾孢属真菌 |
| 越冬场所 | 病菌以菌丝体和分生孢子器在叶片病部或病残组织中越冬 |
| 传播途径 | 随风雨传播 |
| 发病原因 | 栽植过密、通风透光不良的果园发病重。5 ～ 8 月连阴雨天多的年份往往发病重。雨季病情扩展较快，可造成较大损失 |

（续）

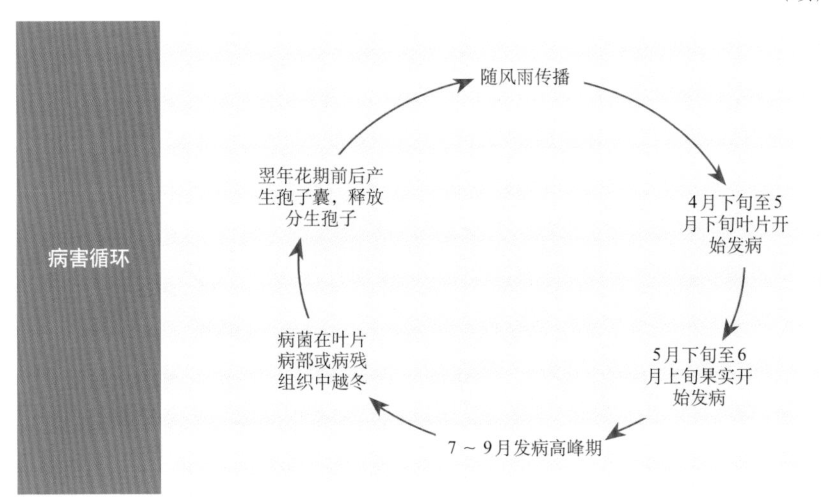


**防治适期** 休眠期，4月下旬至5月下旬叶片发病初期，5月下旬至6月上旬果实发病初期。

**防治措施**

（1）**彻底清园** 采果后结合修剪，剪除病枝，彻底清扫田间枯枝落叶，集中深埋或沤肥。

（2）**加强栽培管理** 合理施肥，适量挂果，促使树体生长健壮。注意果园排水，降低果园湿度。

（3）**药剂防治** 冬季休眠期喷3～5波美度石硫合剂清园。发病初期喷施70%代森锰锌可湿性粉剂800～1 000倍液，或70%甲基硫菌灵可湿性粉剂600～800倍液，或50%多菌灵可湿性粉剂500～600倍液等，每隔10～15天喷1次，连喷2～3次。

## 猕猴桃褐麻斑病

**田间症状** 猕猴桃褐麻斑病从春梢展叶至深秋均可发生。初在叶面产生褪绿水渍状小病斑，后渐变为浅褐色病斑，圆形、多角状或不规则，形态和大小都较悬殊，叶面斑点褐色、红褐色至暗褐色，或中央灰白色，边缘暗褐色，外具黄褐色晕，叶背斑点灰色至黄褐色。

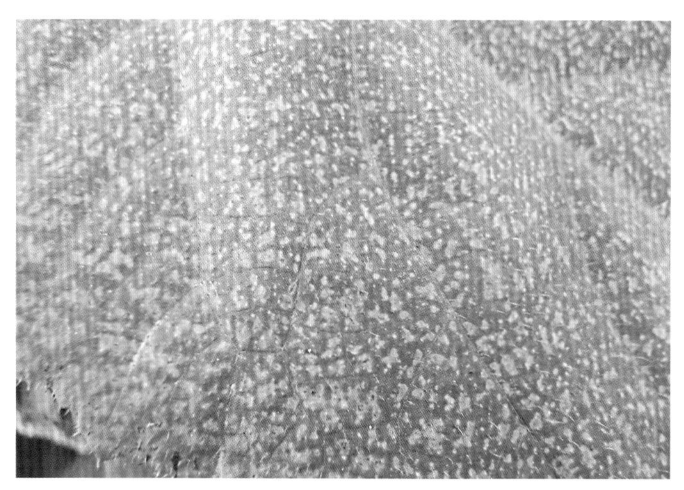

猕猴桃褐麻斑病病叶正面

## 发生特点

| | |
|---|---|
| 病害类型 | 真菌性病害 |
| 病　　原 | 杭州假尾孢（*Pseudocercospora hangzhouensis*），为子囊菌门假尾孢属真菌 |
| 越冬场所 | 病菌以菌丝、孢子梗和分生孢子在地表病残叶上越冬 |
| 传播途径 | 借风雨飞溅传播 |
| 发病原因 | 高温高湿利于病害发生，5月中下旬开始发病，6 ~ 8月上旬为发病高峰期。8月中下旬至9月中旬，高温干燥不利于病原菌侵染，但老病叶枯焦和脱落现象较严重 |
| 病害循环 | 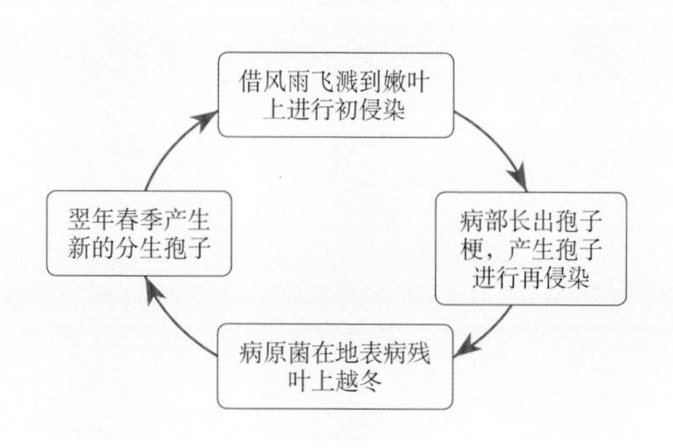 |



## 防治适期

休眠期，花后5 ~ 6月。

**防治措施**

（1）**冬季彻底清园** 结合冬季修剪，彻底清除修剪后的枯枝、病虫枝和落叶落果等病残体，带出果园集中深埋或沤肥。结合施基肥将果园表土翻埋10～15厘米深，使土表病残叶片和散落的病原菌埋于土中，不能侵染。

（2）**加强果园管理** 增施有机肥或磷、钾肥。合理负载，适量留果。科学整形修剪，保持果园架面通风透光。夏季注意控制灌水和排水，雨后及时开沟排水。

（3）**药剂防治** 休眠期全园喷施一遍3～5波美度石硫合剂清园。花后5～6月可以选用70%甲基硫菌灵可湿性粉剂600～800倍液，或50%多菌灵可湿性粉剂500～600倍液，或75%百菌清可湿性粉剂500～600倍液，或70%代森锰锌可湿性粉剂500～800倍液，或10%多抗霉素可湿性粉剂1 000～1 500倍液等结合防治猕猴桃褐斑病进行防治，每隔7～10天喷1次，连喷2～3次。

## 猕猴桃日灼病（日烧病）

**田间症状** 果实受害后，一般果实肩部皮色变深，皮下果肉呈褐色，停止发育，形成凹陷，常在果实向阳面形成不规则、略凹陷的红褐色斑（日灼斑）。表面粗糙，质地似革质。有时病斑表面开裂，易诱发猕猴桃炭疽病等病害。严重时，病斑中央木栓化，果肉干燥发僵，病部皮层硬化，甚至软腐溃烂、落果。叶片日灼后出现青干症状，叶缘卷曲，变干，后期出现大量落叶。

猕猴桃日灼病果实初期症状

猕猴桃日灼病果实初期剖面症状

猕猴桃日灼病果实后期症状

美味猕猴桃日灼病症状

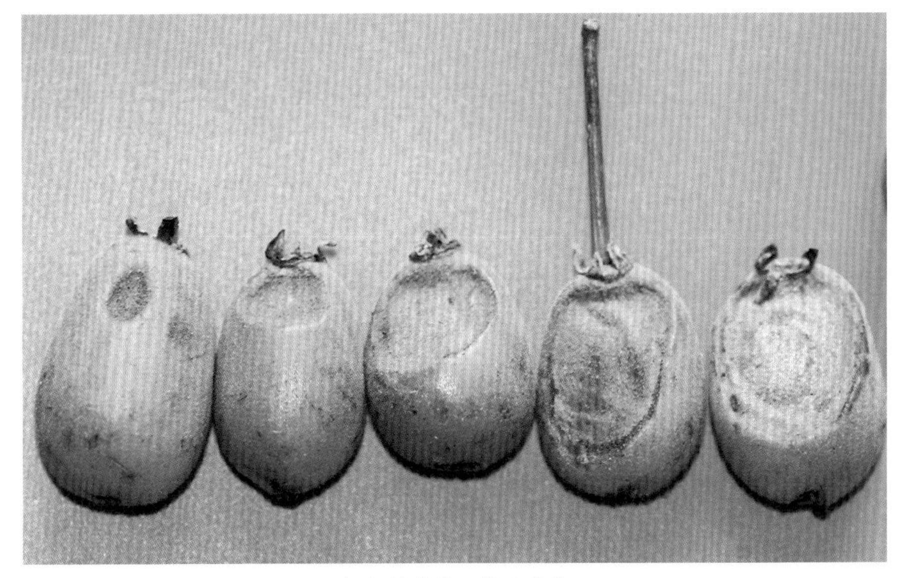

红阳猕猴桃日灼病症状

软枣猕猴桃日灼病症状

果肉干燥发僵

猕猴桃日灼叶片出现青干症状

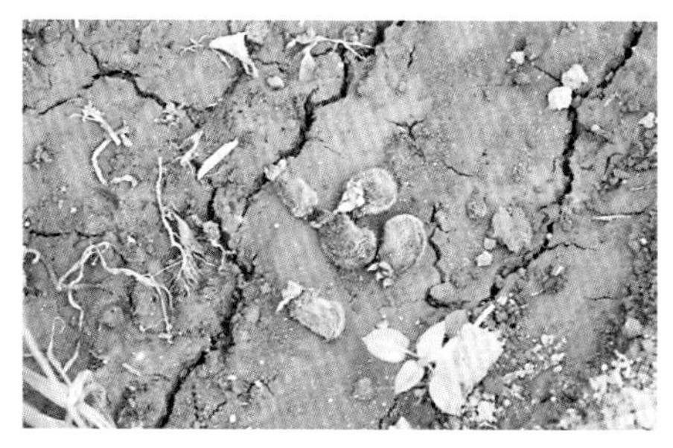

猕猴桃日灼病后期出现大量落果

猕猴桃日灼叶片叶缘卷曲、变干

## 发生特点

| 病害类型 | 生理性病害 |
| --- | --- |
| 发病原因 | 该病大多发生在高温季节，秦岭北麓猕猴桃产区，一般发生在4～8月，气候干燥，持续强烈日照天气易发生。尤其是在果实生长后期的7～9月，叶幕层薄、叶片稀疏、果实裸露的发生严重。弱树、病树、超负荷挂果的树发生严重，挂果幼园比老果园发生严重。修剪过重，叶果比不合理的果园易发生。灌溉设施不完善，土壤水分供应不足，土壤保水能力差的果园发病重。果园地面裸露，没有覆盖和生草的果园发病重 |

## 防治适期

6～7月高温季节即将来临之前。

## 防治措施

（1）**加强果园管理** 多施有机肥，改善土壤结构，增强土壤保水保肥性能，提高树体抗逆能力。合理修剪，保证良好的叶幕层和叶果比，改善通风透光条件。果园失水时及时灌水。有喷灌设施等条件的果园在高温强光季节及时喷水，隔几天喷1次，降低果园温度。幼园树行间种植玉米遮阴。果园进行覆盖或生草，降低地面辐射。果园覆盖可用麦糠或麦草覆盖果树行间，果园生草可以种植白三叶或毛苕子等。对于树势弱，架面没有布满，特别是果园朝向西边的架面，夏季光照时间长，果实裸露的可以采取遮阴防晒。一般可以采取挂草遮阴或挂遮阳网等措施。

猕猴桃幼园行间种植玉米遮阴

猕猴桃园生草降低果园温度

猕猴桃园裸露果实挂草遮阴

（2）**叶面喷施保护**　在6 ~ 7月高温季节即将来临之前，结合防治其他病害，可喷施液肥氨基酸400倍液，每隔10天左右喷1次，连喷2 ~ 3次。或可根据树龄大小，每亩喷施抗旱调节剂黄腐酸50 ~ 100毫升，既可降低果园温度，又可快速供给营养。未施膨大肥的猕猴桃园，要增施钾肥，可喷施0.1% ~ 0.3%磷酸二氢钾或硫酸钾，连喷2 ~ 3次，能达到抗旱防日灼的效果。

（3）**套袋** 对于裸露的果实，可以从幼果期开始进行套袋，特别是猕猴桃园西向外围的果实要套袋，可以防止阳光直射，降低果面温度，防止日灼。关中地区适宜套袋时间为6月下旬至7月上旬，要选择通气孔大、质量好的纸袋。通气孔小时可略剪大以利通气，降低袋内温度。

猕猴桃园西向外围果套袋

## 猕猴桃裂果病

**田间症状** 猕猴桃裂果病主要出现在果实膨大期，裂果病主要发生在果实组织不正常的部位，如病斑、日灼处等，可从果实侧面纵裂，也有的从萼部或梗洼、萼洼向果实侧面延伸。裂果后易感染病害，造成更大危害。

猕猴桃裂果病树上挂果症状

猕猴桃果实果脐处横向开裂

猕猴桃果实沿果脐纵向裂果

中华猕猴桃裂果病病果

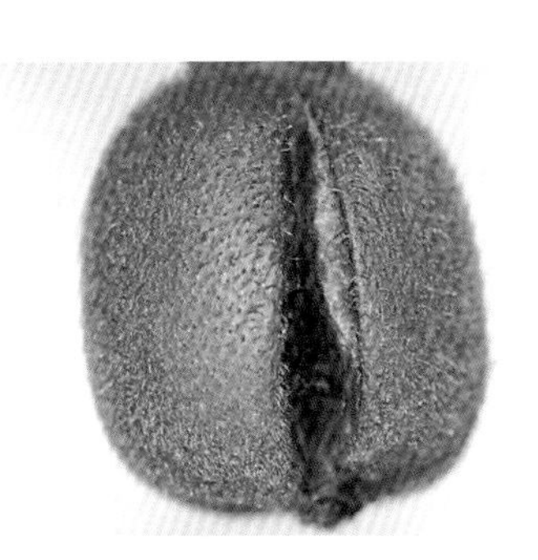

美味猕猴桃裂果病病果

## 发生特点

| 病害类型 | 生理性病害 |
| --- | --- |
| 发病原因 | 猕猴桃裂果病主要是由果实内外生长失调，果皮生长速度跟不上果肉的生长速度造成。常发生于果实迅速膨大期，水分供应不均衡或天气干湿变化过大都会造成裂果。若前期缺水影响幼果膨大，后期遇连续降雨或大水漫灌，都会引起裂果。果实发育后期的土壤水分骤变，如成熟期遇到大雨，根系输送到果实的水分猛增，果肉细胞会快速膨大，而此时果皮多已老化，果皮细胞因角质层的限制而膨大慢，造成果肉胀破果皮。同时土壤长期干旱会严重阻碍钙元素的运输，导致缺钙，从而影响细胞壁的韧性，引起裂果。果实裂果的严重程度与温湿度有关。尤其是天气干旱，突然下雨后，极易发生。树势弱、光照差、通风不良及偏施氮肥的果园裂果严重。土壤排水不良、严重板结、通透性差、土壤酸化以及病虫害重的果园裂果较重 |

**防治适期** 果实迅速膨大期。

## 防治措施

（1）**加强果园灌排水设施建设，注意水分管理** 做到旱时能及时灌

溉，涝时能及时排水，保持土壤水分均衡，避免果实快速吸水膨大造成裂果。遵循“小水勤浇”的原则，避免“忽涝忽旱”，使土壤墒情保持稳定，切忌持续干旱后大水漫灌。雨后及时排水。进行果园生草或覆盖，疏松土壤，旱能提墒，涝能晾墒，调节土壤含水量。

（2）**平衡施肥，改善土壤环境** 合理施肥，不偏施氮肥，注重中、微量元素肥料的配合施用，改善土壤理化性质，增加土壤团粒结构，均衡和活化土壤中的养分。

（3）**加强果园管理** 合理负载，适时适度夏剪，保持通风透光。合理使用植物生长调节剂。做好果实生长后期病虫害的防控工作。

（4）**叶面喷施钙肥，增强果实外表皮细胞韧性** 钙能使果实外表皮细胞韧性增强、细胞壁厚度增加。生长关键时期叶面喷施沃丰素，可以补充钙，增加果皮韧度，使果肉细胞紧密结合。钙肥充足可大大减轻裂果的发生。

（5）**采取遮盖措施，避免果实吸收过多水分** 雨天采取避雨栽培可有效减轻裂果发生，果实套袋也能减轻裂果。

## 猕猴桃藤肿病

**田间症状** 猕猴桃藤肿病发病时，主蔓、侧蔓的中段突然增粗，呈上粗下细畸形状，有粗皮、裂皮现象，叶色泛黄，花果稀少，严重时，裂皮下的形成层开始褐变坏死，具发酵臭味。病树生长较弱，甚至引起死枝。

猕猴桃藤肿病病株前期症状

猕猴桃藤肿病病株后期症状

**发生特点**

| 病害类型 | 生理性病害、缺素症 |
| --- | --- |
| 发病原因 | 猕猴桃藤肿病发病的主要原因是树体和土壤缺硼。一般猕猴桃枝梢全硼含量低于10毫克/千克、果园土壤速效硼含量低于0.2毫克/千克即可发病 |

**防治适期** 4～5月猕猴桃萌芽至新梢抽生期间，花期。

**防治措施**

（1）**科学管理** 多施有机肥，合理增施磷、钾肥，特别是秋季结合施有机肥增施磷肥，利用磷硼互补的规律，保持土壤高磷中硼（有效磷含量40～120毫克/千克，有效硼含量达0.3～0.5毫克/千克）的比例。

（2）**土壤补施硼肥** 发病园，在4～5月猕猴桃萌芽至新梢抽生期间，地面补施硼砂，施用量每亩0.5～1千克，每2年施1次，直至枝梢全硼含量达到25～30毫克/千克，土壤有效硼含量达到0.3～0.5毫克/千克。

（3）**叶面喷施硼肥** 发病果园，每年花期喷施0.2%硼砂1～2次，既可给树体补充硼肥，又可促进授粉受精。

## 猕猴桃缺铁性黄化病

**田间症状** 猕猴桃缺铁性黄化病主要症状表现是叶片黄化，但叶脉保持绿色。主要发生在刚抽出的嫩梢上，幼嫩叶片呈鲜黄色，叶脉两侧呈绿色脉带。嫩叶出现淡黄色或黄白色脉间失绿，从叶缘向主脉发展，而老叶却保持正常的绿色。受害轻时叶缘褪绿；严重时先幼叶后老叶，新成熟的小叶变白，叶片边缘坏死，或者小叶黄化(仅叶脉绿色)，叶子边缘和叶脉间变褐坏死，枝蔓全部叶片失绿黄化，甚至叶脉也失绿黄化或白化，叶片变薄易脱落。果实果面黄化，果肉白化，小而硬，单果重减小，失去食用价值。长时间发病还会引起整株树干枯死亡。

猕猴桃缺铁性黄化病病叶

猕猴桃缺铁性黄化病后期叶片枯死

猕猴桃缺铁性黄化病田间症状

猕猴桃缺铁性黄化病病果

## 发生特点

| 病害类型 | 生理性病害、缺素症 |
| --- | --- |
| 发病原因 | 缺铁性黄化病是由植株体内铁元素含量不足造成的。一般叶片中每千克干物质含铁量小于60 毫克时即可出现缺铁症状。生产上造成植株体内铁元素含量不足的原因主要有以下几个方面：一是土壤偏碱，土壤pH 过高，铁元素被固定，不能被吸收。偏碱性的土层中游离二价铁离子被氧化成三价铁离子而被土壤固定，不能被根系吸收利用，加之猕猴桃根为肉质根，分布层相对较浅，易发生缺铁性黄化。北方石灰质土壤中重碳酸根（$HCO_3^-$）含量高，影响铁的吸收、运输。二是偏施氮肥，使土壤中多种中微量元素如锌、锰、铜、镁等供应失调，元素间发生拮抗作用影响铁的吸收。三是土壤黏重，过干、过湿，大水漫灌，低洼地积水，以及建园时苗木栽植过深等导致土壤透气性不良，造成树体生理代谢紊乱，从而影响铁的吸收，发生黄化。四是果园结果量超载会影响吸收根的形成发育，从而影响铁的吸收。五是根部病虫害影响根系吸收能力。根腐病等病虫害会严重影响根系的吸收能力，造成养分输送供应不足。此外幼苗因根系浅，吸水能力差，易发生缺铁性黄化病 |

**防治适期** 秋季施基肥时土壤补施；生长季节叶面喷施。

**防治措施**

（1）**科学建园** 建园时要选择土壤碱性较小，pH 6.5 ～ 7.5，土壤透气性、排水条件良好的地块，这种地块土壤中的有效铁含量较高，利于植株对铁的吸收和利用。

（2）**选用耐病品种** 可选用耐缺铁性黄化病能力较强的美味猕猴桃作为砧木和耐缺铁性黄化病能力强的品种。

（3）**合理负载，严格控制产量** 严防负载过量，保持健壮的树势。挂果量过大不但会使土壤中的矿质营养失去平衡，而且会导致树体的根冠比不协调。由于大量的有机营养被过多的果实吸收，转运到根系的养分就会减少，根系产生的新根就会减少，从而影响毛细根对铁等矿质营养的吸收。

（4）**科学施肥，增施有机肥** 施入农家肥，土壤中的微生物将其分解后会产生大量的腐殖酸，从而会降低土壤的碱性，提高土壤中铁元素的有效性。农家肥还可以改善土壤的透气性，有利于形成团粒结构，促进新根的产生，增强铁的吸收。大行种植三叶草，小行进行秸秆覆盖，不断提高土壤有机质含量。

（5）**改良土壤，降低土壤pH** 碱性土壤可以施用硫黄粉来降低土壤pH，施用量根据土壤pH确定。生产中也可使用酒糟、醋糟等降低土壤pH。生长前期化肥的施用，应以硫酸铵等铵态氮肥或尿素为主，少量施用硝态氮肥。尽量少用偏碱性的肥料，如碳酸氢铵等。应选用弱酸性、生理酸性肥料（如硫酸铵、硝酸铵磷钾复合肥和硫酸钾等）或中性肥料（如尿素、磷酸二铵等）。

（6）**土壤补施铁肥** 土壤补充铁元素如硫酸亚铁或螯合铁等铁肥，应与腐熟有机肥及腐殖酸肥混合施用。在发生缺铁性黄化病的果园，每年秋季施基肥时，在有机肥中同时混合施入4 ～ 6千克/亩的硫酸亚铁，补充土壤中的有效铁含量。在刚出现缺铁症状时结合施用农家肥伴施硫酸亚铁。

（7）**叶面喷施铁肥** 用0.1% ～ 0.5%硫酸亚铁水溶液或螯合性铁肥进行叶面喷施。

**温馨提示**

对于由根腐病、根结线虫病等病害引起的黄化病，应及时采取措施对症防治，具体防治方法，参见猕猴桃根腐病和猕猴桃根结线虫病。

# 猕猴桃缺钙症

**田间症状** 猕猴桃严重缺钙时，新成熟的叶片基部叶脉色泽灰暗，发生坏死，俗称鸡爪病。坏死斑扩大成片状坏死，干枯破裂，甚至引起落叶，枝蔓坏死。老叶边缘上卷，被失绿组织包围的叶脉坏死，受害枝蔓因生长点坏死引起侧芽萌发，丛生小的莲状叶。缺钙时根系发育差，根尖死亡易产生根际病害。

叶缘上卷

叶脉坏死

**发生特点**

| 病害类型 | 生理性病害、缺素症 |
| --- | --- |
| 发病原因 | 叶片中钙占干物质含量低于0.2%时，就会出现缺钙症状。当土壤偏酸，或土壤中氮、钾、镁偏多时，都容易造成土壤中缺钙，从而引发病害 |

**防治适期** 落花后和新梢旺长期（果实膨大期）。

**防治措施**

（1）**调节土壤pH** 酸性土壤可土施石灰，提高钙含量，一般每亩用40～80千克的生石灰或熟石灰较为适宜。沙质地土壤，石灰用量应适当减少，一般每亩施30～75千克。中性、偏碱性土壤，土施磷酸钙、硝酸钙，盛果期果园参照用量为3.3～6.6千克/亩。

（2）**叶面喷肥** 在猕猴桃落花后和新梢旺长期（果实膨大期）喷施1%过磷酸钙浸出液，或0.3%～0.5%氯化钙或硝酸钙溶液，或0.1%螯合钙溶液，或活力钙800 ~ 1 000倍液，每隔7 ~ 10天喷1次，连喷2 ~ 3次，效果较好。

## 猕猴桃缺镁症

**田间症状** 猕猴桃缺镁比较常见。缺乏时症状从老叶开始表现，一般先从植株基部老叶发生，初期叶脉间浅绿色褪绿，多从叶缘沿叶脉间向中脉扩展，常在主脉两侧留下较宽的绿色带状组织，叶脉间发展成黄化斑点。一般从叶缘开始扩展，进而叶肉组织坏死，坏死组织离叶缘有一定距离，与叶缘平行呈马蹄形分布，仅留叶脉保持绿色，失绿组织与健康组织界限明显。叶片基部多保持正常的绿色。缺镁症状不出现在幼叶上，褪绿组织较少变褐坏死，若出现也为脉间不连续的坏死斑。植株缺镁时，生长初期症状不明显，进入果实膨大期后逐渐加重，坐果量多的植株症状较重，果实尚未成熟便出现大量黄叶。缺镁引起的黄叶一般不早落，但严重时，后期叶片会干枯。

猕猴桃缺镁症初期症状

叶片上出现坏死斑

**发生特点**

| 病害类型 | 生理性病害、缺素症 |
| --- | --- |
| 发病原因 | 叶片中镁含量占干物质含量低于0.1%时，就会出现缺镁症状。主要是因为土壤中可供利用的可溶性镁不足，而可溶性镁不足的主要原因是有机肥不足或质量差。酸性土壤中pH过低时易造成镁的流失。施钾肥过多也会影响镁的吸收，造成缺镁 |

**防治适期** 落花后和新梢旺长期（果实膨大期）。

**防治措施**

（1）**增施优质有机肥，土壤施用镁肥** 选择含镁量较高的有机肥或补施镁肥。果园土壤补施硫酸镁，盛果期猕猴桃园用量为1.3 ~ 2千克/亩。

（2）**叶面喷施镁肥** 可以选用0.3% ~ 0.5%硫酸镁溶液进行叶面喷雾，每隔14天喷1次，连喷3 ~ 5次。

## 猕猴桃青苔病

**田间症状** 猕猴桃青苔病常见于猕猴桃主干、主蔓及地表等，最初出现黄绿色小点，后扩大形成绿色斑块，表面紧贴一层绿色茸毛状或块状或不规则的表皮寄生物，寄生物扩大最终覆盖整个主干、主蔓或地表。寄生严重危害后，树干、枝叶甚至地面披上一层绿色的青苔，影响植株生长。青苔寄生主干、主蔓后吸收树体养分，会导致树体衰弱，弱树更弱。附着地表的青苔与果树竞争水肥，还影响水分的渗透和土壤内气体的交换，造成土壤透气性下降，保水保肥能力下降，以及植株根系吸收减弱，影响树体生长。

青苔寄生猕猴桃主干

**发生特点**

| | |
|---|---|
| 病害类型 | 寄生性植物病害 |
| 病　　原 | 苔藓类及多种附生绿球藻 |
| 越冬场所 | 树干或土壤 |
| 发病原因 | 猕猴桃青苔病是低等寄生植物以假根附于树干上吸收寄主营养和水分，并常与真菌及一些藻类共生危害的一种受潮湿多雨气候影响甚重的病害。发生流行的关键环境因素是温度和湿度，温暖潮湿的环境有利于青苔的繁殖生长，气温10～25℃和空气相对湿度大于80%时发病严重。通风不良、湿度较大、光照不足、郁闭的果园和管理粗放、杂草丛生、树势衰弱的果园发生重。雨水多、排水性差、易出现水涝的果园容易受青苔侵害。一般南方果区发生重 |

**防治适期** 冬季休眠期和寄生初期。

**防治措施**

（1）**加强果园管理**　科学施肥，提高树体抗病力。做好果园排水工作，减少地表积水，避免诱发青苔；合理整形修剪，改善果园通风透光条件。

（2）**树干涂白**　结合冬季防冻，使用涂白剂对树干进行涂白处理，防止青苔寄生。

（3）**药剂防治**　冬季可用45%代森铵水剂200～250倍液喷施到主干、主蔓上清园。生长季已经出现的青苔，可用80%乙蒜素乳油1 000倍液等喷施防治。

## 菟丝子

菟丝子（*Cuscuta chinensis*）俗称黄丝藤、黄豆丝、无根草，为旋花科菟丝子属一年生攀缘草本寄生性种子植物，猕猴桃受其寄生危害后，影响生长，重则死亡。

**田间症状** 菟丝子是猕猴桃等果树和作物的恶性寄生杂草，寄生猕猴桃后，以丝状茎缠绕猕猴桃主干或枝条，常形成缢痕，在接触处形成吸根伸入寄主体内，吸根与寄主的维管束系统相连接，可吸收树体养分。同时菟丝子生长旺盛，寄生后大量繁殖生长，上部茎继续伸长，再次形成吸根，

向四周不断扩大蔓延，其茎缠绕形成一个巨大的网覆盖猕猴桃树冠，影响猕猴桃叶片的光合作用，导致植株叶片发黄、枝梢凋萎，生长缓慢，严重的植株枯死。

菟丝子寄生猕猴桃枝条

菟丝子丝状茎缠绕猕猴桃枝条并形成种子

菟丝子寄生猕猴桃枝条形成的缢痕

菟丝子产生吸根伸入猕猴桃枝条内吸收养分

菟丝子茎缠绕覆盖树冠

菟丝子的花

菟丝子种子成熟后脱落入土越冬

**发生特点**

|  |  |
| --- | --- |
| 病害类型 | 寄生性植物病害 |
| 病　　原 | 寄生植物菟丝子 |
| 越冬场所 | 南方以茎藏附于寄主上越冬，北方以成熟种子散落在土壤中休眠越冬 |
| 传播途径 | 依靠茎蔓延、鸟类啄食或耕作扩散 |
| 发病规律 | 菟丝子一旦幼芽缠绕于寄主植物体上，便因生命力强而旺盛生长。菟丝子开花结果产生种子，成熟后脱落入土越冬。春季条件适宜时萌发，通过茎延伸到寄主植物进行危害 |
| 生长习性 | 菟丝子只能在寄主上吸收水分和养分，遇到适宜的寄主时，会在接触处形成吸根伸入寄主组织，部分组织分化为导管和筛管，分别与寄主的导管和筛管相连，自寄主吸取养分和水分用于自身生长。菟丝子喜高温湿润气候，对土壤要求不严，适应性较强 |

**防治适期** 寄生初期。

**防治措施**

（1）**加强检疫**　菟丝子是植物检疫对象，调用苗木时要加强检疫措施，防止菟丝子随苗木调运人为传播蔓延危害。

（2）**加强果园管理**　农家肥必须充分腐熟后施用，防止肥料带有菟丝子种子，因为菟丝子种子经过畜禽消化系统后仍然有生命力。秋季结合施用基肥深翻果园土壤，把菟丝子种子深埋在土层深度5厘米以下就不容易

萌发出土，如深耕10厘米以上则不能发芽出土。

(3) **人工铲除** 春末夏初时，检查果园是否有菟丝子幼苗出现，一旦发现及时拔除。若果园发现菟丝子缠绕枝条危害的情况，及时连同寄生的枝条剪除并带出果园集中深埋或晒干处理。菟丝子结果后掉落的种子传播极快，必须在开花结果前将其拔除并处理。同时检查果园周围的树木和杂草，发现菟丝子寄生，及时进行人工处理，防止传播到果园危害。人工铲除时必须彻底，因为其茎秆会发育成新的植株，所以剪下来的茎秆不可以随意丢弃，必须深埋或晒干处理。

## 猕猴桃畸形果

**田间症状** 猕猴桃畸形果在猕猴桃生产上较常见，主要发生于幼果期到膨大期，猕猴桃果实形状有别于品种正常果形。常见畸形果有扁形、凹形、歪形、果面有棱等各种形状，该类果实由于畸形基本失去商品价值而成为次果，影响猕猴桃生产的经济效益。

猕猴桃畸形果

猕猴桃畸形果切开状

## 发生特点

| 病害类型 | 生理性病害 |
| --- | --- |
| 发病原因 | 引起猕猴桃果实畸形的原因多种多样。授粉不良是猕猴桃生产中引起畸形果的主要原因，在发育过程中，由于授粉受精不完全，果实内形成的种子数少且分布不均匀，容易造成细胞分裂素在果实内的分布不均从而导致果实畸形。品种差异性也可造成畸形果。春季晚霜危害常会造成花朵畸形而产生畸形果。猕猴桃幼果期使用三唑类农药不当，常会造成畸形果。生长调节剂使用不当也会造成畸形果等 |

**防治适期** 授粉期和幼果期。

**防治措施** 猕猴桃畸形果的预防主要是做好花期充分授粉以及果园管理工作。

（1）**花期充分授粉** 如果采用蜜蜂授粉为主，果园必须栽植足够的配套授粉雄株，保证花期有足够的花粉，同时要辅助人工机械授粉。如果采用人工授粉为主，同样果园要栽植配套的雄株，自采花粉进行授粉。如果购买花粉则必须保证花粉有强的授粉活性，以保证授粉效果。严格按照猕猴桃授粉要求进行科学授粉，保证猕猴桃充分授粉，减少畸形果的产生。

（2）**加强果园科学管理** 在猕猴桃幼果期禁止使用三唑类农药防治病害。科学使用植物生长调节剂等防止产生畸形果。

（3）**及时疏除畸形花和果，减少畸形果率** 在猕猴桃花蕾期及时疏除畸形花蕾和花朵，主要疏除花梗上两端的花蕾、侧花蕾、发育不正常的花蕾及过多、过密、过小的花蕾，减少养分消耗，留下发育正常的中心花。在果实生长期疏果时疏除畸形果，减少畸形果率，提高果实商品率。

## 猕猴桃空心果

**田间症状** 猕猴桃果实外形较正常果实膨大，果实切开后，果心形成一个大的空腔而成为空心果。猕猴桃空心果一般在红阳等中华猕猴桃上发生比较普遍。

猕猴桃空心果

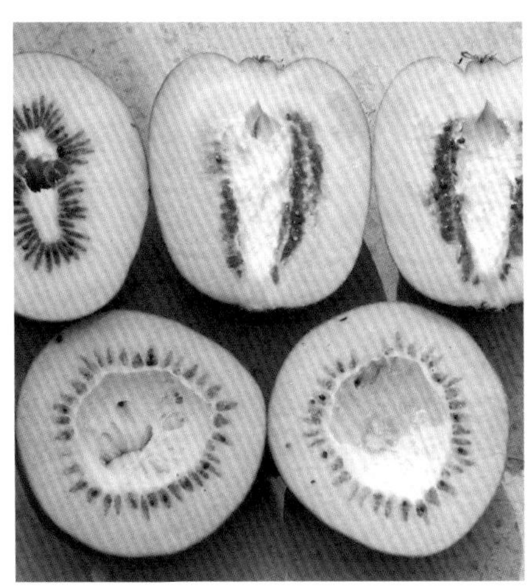

猕猴桃空心果切开状

**发生特点**

| 病害类型 | 生理性病害 |
|---|---|
| 发病原因 | ①授粉不良。猕猴桃授粉不良时，果实形成的种子少而造成内源激素缺乏进而影响果实果肉的发育出现空心。②膨大期持续高温干旱。在果实膨大期，细胞快速分裂生长时，遇持续高温干旱，水分跟不上果实细胞的快速分裂，也会造成空心。③营养元素不足。钙元素供应不足，果实快速膨大期缺钙，导致果实内部细胞结构不结实造成果实空心。④滥用膨大剂。科学合理适量使用一般不会出现空心，但膨大剂使用过量，浓度过高，细胞的分裂膨胀速度加快，土壤中的养分供应得不到及时补充，就会出现空心果 |

**防治适期** 授粉期和幼果期。

**防治措施**

（1）**加强果园科学管理** 花期进行人工充分授粉，保证猕猴桃完全受精。做好水肥管理，特别是猕猴桃膨大期根据气候和土壤情况，高温干旱时及时灌溉，避免受旱，同时及时喷施叶面肥，补充钙素营养等。

（2）**科学合理使用膨大剂** 提倡不用膨大剂，如果要用，必须科学合理适量使用。浓度不能过高，浸果时间不能过长。

## 猕猴桃污渍果

**田间症状** 猕猴桃果实成熟采收后，果面不干净，常出现各种疤痕、损害和污渍等，影响猕猴桃商品果的外观品相，增加了次果率，降低了果品价值，造成极大损失。

风摩造成的猕猴桃污渍果

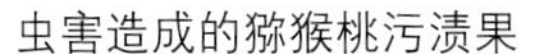
虫害造成的猕猴桃污渍果

药害造成的猕猴桃污渍果

灰尘雨水造成的猕猴桃污渍果

## 发生特点

| 病害类型 | 生理性病害 |
| --- | --- |
| 发病原因 | 生产上将遭受各种损伤、刮碰及污染等的果实均归于猕猴桃污渍果。①风摩。猕猴桃本身抗风能力差，易遭受风害。风害使猕猴桃果实与叶片（叶摩）、枝条、果实、架材等发生相互摩擦，造成猕猴桃果实果面组织出现损伤，产生疤痕，形成大量疤痕果等次果。这种情况常大量出现在猕猴桃幼果期。特别是果园所在地经常刮大风的，风摩危害严重。②环境因素。猕猴桃栽植果园的环境条件较差，比如尘土污染大等，也会造成猕猴桃园常沾染大量尘土等污染物而出现污渍果。③果园生产管理不善。留果量过多，特别是相邻果等过多，果实之间相互摩擦造成疤痕。果园农事操作过勤，田间常造成损伤，导致果实损伤形成伤痕。④叶面肥和农药使用不当，果实受害出现污渍果。在猕猴桃幼果期，由于幼果果皮幼嫩，如果喷施农药或叶面肥浓度太大等，都会造成猕猴桃果实受到灼伤或污染等 |

**防治适期** 建园时和幼果期。

**防治措施**

（1）**合理选址** 由于猕猴桃抗风能力差，易遭受风害，所以在栽植时，一定要选择背风向阳、不容易出现大风等的地方，特别不能在风口处栽植建园，以避免遭受风害。同时考察建园周围的环境情况，建园周围应没有排放灰尘和烟尘污染的工矿企业，灰尘较小或没有灰尘，以防以后污染果面。

（2）**加强果园科学管理** 合理疏果，避免留果量过多，特别是避免相邻果等过多。避免果园农事操作过勤，注意防止对叶、枝、果等造成损伤。

（3）**合理安全使用叶面肥和农药** 在猕猴桃生长季节，喷施叶面肥补充营养和喷施农药防治病虫害时，要注意喷施的浓度和喷施时间，切忌浓度过大，要合理使用，防止造成果面污染和损失。

（4）**做好果园防风工作** 在一些风较大的猕猴桃园，可以在周围栽植防风林来防止风害，也可建立人工风障，减少风害造成的疤痕污渍果。

## 猕猴桃肥害

**田间症状** 猕猴桃生产上由于肥料施用不当而造成肥害。肥害导致地下根部烧伤，如果根系受损不严重，常造成植株生长不良，易成小老树，如果根系受损严重，变褐腐烂，则影响植株生长，造成植株死亡。肥害还导致花蕾和叶片灼伤、叶片变成褐色、青干，或果实灼伤等，引起大量落叶或落果。

猕猴桃肥害致树死亡

施肥离植株过近导致猕猴桃肥害

追施水溶肥洒到叶面烧伤叶片

夏季施氨气氮肥造成肥害

## 发生特点

| 病害类型 | 生理性病害 |
| --- | --- |
| 发病原因 | 猕猴桃生产上造成肥害的主要原因是肥料的施用不当。①施用生粪造成烧根。施用没有经过处理的猪粪、鸡粪、羊粪和牛粪等畜禽粪便，地温升高达到发酵条件时，畜禽粪便在微生物的活动下开始发酵，消耗土壤氧气，若离根部较近，发酵产生的热量会影响猕猴桃生长导致烧苗、烂根，严重时导致植株死亡。同时在分解过程中产生甲烷、氨等有害气体损伤根系。另外，还会传播生粪中的寄生虫卵和病原微生物。②追肥时尿素等肥料施用过多过近造成烧根。在对猕猴桃园追施尿素等时，施用量过大，距离植株根系又过近时，常造成烧根烧苗。尤其是幼园，天气干旱追肥时，常造成肥害。③喷施叶面肥浓度过大造成叶片或果实灼伤。夏季进行叶面追肥时，如果施用浓度多大，或在高温天气下喷施等，均会造成肥害，导致叶片或果实灼伤。④其他不当的施肥措施 |

**防治适期** 施肥时。

**防治措施** 科学合理施用有机肥和化肥等，是防止猕猴桃生产中产生肥害的关键技术措施。

（1）**施用充分腐熟的畜禽粪便等有机肥料** 对于猪粪、鸡粪、羊粪和牛粪等畜禽粪便等有机肥，在施用前，一定要进行充分发酵腐熟。切忌直接施用生粪。

（2）**合理施用尿素等化肥** 施用尿素等化肥对猕猴桃园进行追肥时，一定要根据不同时期的追肥要求，合理施用。施用时要远离主干。干旱时，施肥后及时灌溉。

（3）**正确合理进行叶面喷肥** 猕猴桃生长季节，根据生长需要，可以及时通过叶面喷肥的方法给猕猴桃补充营养物质。必须根据肥料的种类和合理施用浓度进行喷施。切忌随意加大浓度和高温下喷雾，以防造成药害灼伤叶片和果实。

## 猕猴桃除草剂药害

**田间症状** 猕猴桃生产上出现的药害症状，一种属于误用引起的叶片受害枯死脱落，甚至导致植株死亡，这种药害症状比较好识别；另一种是果园周围施用除草剂飘移到猕猴桃园造成危害，一般不易识别，常造成植株生长畸形、生长受阻等。

药害及杂草的防治

除草剂导致叶片灼伤

除草剂导致猕猴桃叶片畸形

## 发生特点

| 病害类型 | 生理性病害 |
| --- | --- |
| 发病原因 | ①误用。主要是误用除草剂和误用喷雾器械。一般最常见的是果农错把除草剂当成杀虫剂或杀菌剂使用造成药害。另一种是在生产中喷施杀虫剂或杀菌剂时使用了喷过除草剂而未清洗干净的喷雾器造成药害。②使用不当。在猕猴桃生产中禁止使用除草剂。但常有果农使用除草剂控制果园杂草，大多选择使用灭生性除草剂，并且往往使用不当，如喷雾时没有使用定向喷雾装置，或喷施时对猕猴桃主干没有采取保护措施，或喷施浓度过大，或喷到猕猴桃植株上，常造成药害。③除草剂雾滴的挥发与飘移。这是猕猴桃园发生除草剂药害常见的一种。由于部分除草剂挥发性强、飘移性强、残留性高，在喷雾防治猕猴桃园周围其他作物田杂草时，极易飘移到邻近的猕猴桃上而造成药害 |

## 防治适期

使用除草剂时。

**防治措施** 除草剂对作物产生的药害是不可逆的，严重时可导致作物死亡绝收，所以在猕猴桃生产上一般不建议使用除草剂，如果要使用除草剂控制杂草，必须要做好预防工作，一旦出现药害及时进行应急解救处理，减少损失。

**（1）做好预防工作**

①在猕猴桃生产中不建议使用除草剂，最好不用，以防对猕猴桃造成损伤。

②如果要用，一定要科学合理使用。首先除草剂和喷施除草剂的器械一定要单独存放，防止误用，特别是喷施除草剂的喷雾器等器械一定要做好标记，只能用于喷施除草剂，严禁混用，防止喷施其他农药时由于清洗不干净而残留除草剂造成药害。使用时，一定要使用定向喷雾罩等防护装置，严格按照使用浓度喷施，不能随意加大浓度。

③果园周围喷施除草剂，也要做好预防，比如喷施除草剂时要选择无风天气，使用定向喷雾罩等，防止除草剂挥发和飘移到猕猴桃园，造成药害。

**（2）药害应急解救措施**

①及时喷水，清除植株上的药剂。当猕猴桃的茎叶遭受除草剂药害时，可迅速用干净的喷雾器，对受害植株连续喷洒清水两三遍，以清除或减少植株上的药剂。对于遇到碱性物质易分解的除草剂，可在清水中加入0.2%生石灰或碳酸钠，混合均匀后喷施，对清除和减轻药害效果很好。

②尽早足水浇灌，既可满足根系大量吸水，降低植株体内药物的浓度，还能有效排除土壤中残留的除草剂，起到较好的缓解作用。还可结合浇水追施速效化肥，促进猕猴桃快速生长，提高植株抵抗药害的能力。

③结合追肥浇水，适时中耕松土，可以增强土壤的透气性，利于微生物活动，降低药害，促进根系吸收水肥和植株恢复生长。

④喷施植物生长调节剂促进其恢复生长。除草剂药害往往导致猕猴桃生长受阻，可以喷施叶面肥或生长调节剂恢复生长，如可以喷施0.01%芸苔素内酯可溶液剂3 000倍液，或0.3%磷酸二氢钾溶液等，促使植株恢复生长。

## 猕猴桃低温冻害

**田间症状** 初冬尚未进入完全休眠时突然降温就会遭受冻害。来不及正常落叶的嫩梢和叶片受冻干枯，变褐死亡，不脱落；主干受冻后地上部10 ~ 15厘米处局部或环状树皮剥落，在冻伤处枯死。以主干基部和嫁接口部位较重，其他部位较轻。休眠季节的持续低温冻害表现为抽梢或抽条，即枝干开裂，枝蔓失水，芽受冻发育不全，或表象活而实质死，不能萌发。在低湿和大风同时作用时会导致枝蔓失水干枯，甚者全株死亡。

主干受冻产生裂缝

主干受冻产生大裂口

幼树主干冻伤致死

**发生特点**

| | |
|---|---|
| 病害类型 | 生理性病害 |
| 发病原因 | 该病主要发生于初冬出现急剧大幅度降温和冬季持续低温时期。1 ~ 2年新建园的实生苗和幼树冻害最重，3 ~ 5年初结果园幼树冻害较重，6年以上成龄园大树未见冻害现象。生长健壮的树受冻轻，弱树受冻重。负载量大的树受冻重，合理负载的树受冻轻。河道平原主产区受冻严重，沙土地受冻重。低洼地、山前阴坡地、台塬迎风面冻害较重，开阔平地、阳坡地、背风地冻害较轻 |

**防治适期** 落叶后至土壤封冻前。

## 防治措施

(1) **加强果园管理，提高植株抗寒性** 秋季加强水肥管理，少施氮肥，使树体提早落叶休眠，增强抗寒力。入冬后及时灌防冻水。大雪后及时摇落树体上的积雪，融雪前清除树干基部周围的积雪。栽植抗寒品种或用抗寒性砧木嫁接栽培品种。苗木和实生苗嫁接时采取高位（1米左右）嫁接，提高嫁接口的位置，防止冬季低温冻伤。

入冬后及时灌防冻水

(2) **培土防冻** 对于未上架的幼树采用下架埋土防寒的措施。在植株主干基部周围培50厘米高的土堆，呈馒头形。

秋栽苗埋土防冻

（3）**树干涂白** 冬前采用涂白剂涂覆猕猴桃主干和枝条，既可防冻又可防治越冬病虫害。涂白剂配方为生石灰：石硫合剂原液：食盐：水＝2：1：0.5：10。注意不建议涂黑，以防昼夜温差太大而受冻。

树干涂白

（4）**包干防冻** 可用破棉被、废纸、稻草、麦秸等包裹主干，特别要将树的根颈部包严防冻。必须注意的是包干材料一定要透气。

猕猴桃冬季包干防冻

（5）**喷用防冻剂** 全树喷布防冻剂，可有效减轻冻害发生。供选用的防冻剂有螯合盐制剂和生物制剂等。

（6）**树体喷水、果园熏烟和风车吹风等** 在冬季极端低温来临前或急剧降温前及时采取措施。一般在夜里0～1时进行。一定要在冻害来临前应用，否则起不到应有的作用。树体喷水适合水凝结点0℃以下的急剧降温情况。果园熏烟一般用锯末放烟。也可在烟煤做的煤球材料中加入废油，能迅速点燃，又不起明火。每棵树下放置一块。

低温来临前果园放烟

## 猕猴桃倒春寒害

**田间症状** 倒春寒是早春突然出现的低温冻害。主要危害早春萌发的猕猴桃新芽、嫩叶、新梢、花蕾和花。受冻后器官变褐、死亡，导致芽不能萌发，或萌发的嫩梢、幼叶初期呈水渍状，后变黑以至死亡。

晚霜危害幼苗

早春冻害导致芽萌发率下降

晚霜来临前的猕猴桃生长情况

晚霜危害新叶

晚霜危害花蕾和叶片

晚霜危害花蕾

晚霜危害枝条

低洼猕猴桃园晚霜危害状

## 发生特点

| 病害类型 | 生理性病害 |
| --- | --- |
| 发病原因 | 该病属于气候灾变引起的早春低温冻害，在早春猕猴桃生长季节突然出现。北方地区多发生于春季的3月下旬至4月中旬。生产上，一般低洼地等果园受害严重 |

**预防适期** 早春低温冻害来临前。

## 预防补救措施

**（1）预防措施**

①适地建园。避免在低洼地带建园；在易遭受晚霜危害的产区，选择栽植芽萌发较晚的品种，如海沃德等。

②加强果园管理，提高树体抗逆能力。易发生倒春寒的产区，在猕猴桃萌发前后及时浇水2～3次，以降低地温，推迟萌芽期。或喷施0.1%～0.3%青鲜素，推迟萌芽和花期，以避开晚霜。在萌芽至花期，晚霜、低温来临前3～5天，全树喷施0.3%～0.5%磷酸二氢钾水溶液，或10%～15%盐水，或0.01%芸苔素内酯水剂4 000～5 000倍液，或2%氨基寡糖素水剂500～600倍液等，提高树体抗冻力，减轻冻害发生。

③灌水、喷水。提前全园进行灌溉1次。在低温来临前，打开灌溉设施连续给果园喷水，缓和果园温度骤降，减轻冻害。

④有条件的果园，低温来临前使用吹风机或风扇等吹风搅动冷热空气混合，防止冷空气沉降造成危害。

⑤果园夜间熏烟。关注天气预报，在低温来临前，把锯末、作物秸秆、杂草等燃料放置于果园的上风口，一般每亩堆放6～8堆，根据低温来临时间，当夜间温度降至1℃时开始点燃后发烟，以暗火浓烟为好，不能有明火，尽可能使烟雾弥漫整个果园，持续到早晨8时以后。也可使用防霜冻烟雾发生器等防冻，均可有效预防低温冻害。尤其是地势低洼、通风不畅的果园必须做好放烟防冻。

**温馨提示**

还需注意放烟时间不能过早，持续时间不能太短，否则低温来时，果园烟雾不足，防冻效果不佳。

（2）补救措施

①根据不同的受冻程度采取不同的补救措施。全株完全冻死的树体及时挖除补栽。地上部分冻死的大树，在伤流前，从主干基部去掉地上部分，促发强壮萌蘖，夏季高位（1米左右）嫁接复壮。受冻严重的实生苗和幼树，尽快平茬重新嫁接或补苗。在易冻区实行多主干上架，及时嫁接品种。对冻害较轻的初结果树，在萌芽前或7～8月对主干冻害部位进行上下桥接以恢复树势。

受冻树体进行桥接以恢复树势

②加强土、肥、水管理，增强树体恢复能力。受冻不太严重的果园，及时喷施补充营养修复冻伤，促进受冻树体恢复。及时喷施生长调节剂，如芸苔素内酯、碧护等和速效营养液如氨基酸螯合肥、稀土微肥或磷酸二氢钾等，以低浓度多次叶面喷施为宜，补充养分促使树体恢复，同时加强果园土、肥、水管理，受冻结果树要摘除全部花，不留果，减少树体养分消耗，恢复树势；晚霜危害的花期尽可能少留花，少结果，恢复树势。受冻严重的果园，由于新梢、叶片受损严重，导致枝梢、叶片干枯，失去吸收能力，暂不需喷施生长调节剂和速效营养液。加强果园土肥水管理，促使未萌发的中芽、侧芽、隐芽、不定芽萌发，加快恢复树势，同时根据具体情况可适当选留花果。经7～15天恢复后，根据果园恢复程度再采取进一步措施，及时疏除冻死枝叶、无萌发的光干枝、染病枝等，促使树体恢复生产。

③受冻果园后期管理以恢复树势为主，采取以下措施严格管理。推迟抹芽、摘心和疏蕾，待天气稳定后，根据树的生长情况，再进行抹芽、摘心、疏蕾，确保当年的枝条数量。及时追施含氨基酸、腐殖酸、海藻酸的肥料，补充根系生长发育所需的营养，促使萌发新枝。受冻果园夏季后期管理要控旺。对于受冻恢复果园，由于生殖生长受损，营养生长会偏旺，

夏季管理要控氮防旺长，促使枝条健壮生长，形成良好结果枝。

④做好病虫害的防治。猕猴桃树体受冻后抗病虫害能力下降，容易产生继发性病害，应及时剪除冻死的枝干，用95%机油乳剂50倍液封闭剪口；全园喷施3%中生菌素水剂600 ~ 800倍液或2%春雷霉素水剂600 ~ 800倍液等杀菌剂防止溃疡病等感染。

⑤关注天气预报，防止低温造成二次冻伤而加重危害程度。关注最近的天气预报，若再有大幅降温，要及时采取果园放烟或全园喷水等措施预防，防止再次降温加重冻害危害程度，尤其是低洼和通风不畅的果园。

## 猕猴桃风害

**田间症状** 大风常使嫩枝折断，新梢枯萎，叶片破碎，果实脱落。轻者撕裂叶片，重者新梢从基部吹劈。如海沃德抗风能力差，很容易被强风吹劈。严重时会刮倒棚架。风害会造成叶片、果实之间相互摩擦或与架材相互摩擦形成风摩，直接影响叶片的光合作用和果实的外观品质，造成损失。夏季气温30℃、空气相对湿度30%以下和风速30米/秒的时候，会产生干热风，导致猕猴桃失水过度，新梢、叶片、果实萎蔫，果实日灼，叶缘干枯反卷，严重时脱落。冬季西北风不停吹，加上低温，容易导致枝蔓严重失水干枯、抽条，使大量枝条干枯死亡。

风害吹折枝条

风害造成倒架

风害造成的叶片风摩

风害造成的果实风摩

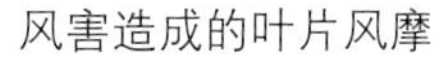

| 发生特点 | |
|---|---|
| 病害类型 | 生理性病害 |
| 发病原因 | 该病属于气候灾变引起的风害，猕猴桃园生长季节均可受害。一般多风和风大的地区受害严重。海沃德等不抗风的品种发病严重 |

**预防适期** 建园和风害来临前。

**预防措施**

（1）**科学选址建园** 建园时选择在避风的地块。在山区、丘陵地区栽植，应选择背风向阳的地块建园。

（2）**加强果园管理** 风害易发区，栽植抗风能力好的猕猴桃品种。对海沃德等抗风能力差、枝条易被吹折的猕猴桃品种，要尽早摘心，促进枝条木质化，提高抗风能力。栽培时加固架面，选择抗风的大棚架型。

（3）**建设防风林或人工风障** 在大风频繁发生的地区，应建设防风林。树种以速生杉木、水杉为佳，避免猕猴桃受风灾危害。也可在果园迎风面建立防风网等风障，降低风速。

新西兰建设的防风林与人工风障

（4）**灌水、喷水** 根据天气预报，在干热风来临前1～3天对猕猴桃园灌水1次；干热风来临时，对猕猴桃园进行喷水，均可缓解危害。

（5）**果园生草** 在常发干热风地区，采取果园间作和果园生草的措施，可以很好地缓解干热风的危害。

（6）**加强管理** 风害发生期，及时剪除被风吹折的枝条，全园喷洒3%中生菌素水剂600～800倍液或2%春雷霉素水剂600～800倍液等杀菌剂防止溃疡病等侵害。

## 猕猴桃涝灾

**田间症状** 猕猴桃涝灾常因伴有大雨大风造成机械损伤。暴风雨使嫩枝折断，叶片破碎或脱落，或使果实因风吹摆动而被擦伤。连阴雨引起根系呼吸不良，发生根腐病，长期渍水后叶片黄化早落，严重时植株死亡。果实易发生裂果现象。同时湿度过大，引起病害加重。

猕猴桃园遭受涝灾被淹

猕猴桃园涝灾积水造成植株死亡

**发生特点**

| 病害类型 | 生理性病害 |
| --- | --- |
| 发病原因 | 该病属于气候灾变引起的涝灾。涝灾主要由于地下水位过高、雨季降雨偏多导致积水过多造成危害。一般低洼地和排水不通畅和水位高的果园发生严重。南方猕猴桃产区由于地下水位高，降水量大容易发生；北方猕猴桃产区容易在秋季降雨季节发生涝灾。暴雨和冰雹等强对流天气易发地区危害严重 |

**预防适期** 建园和雨季或暴雨来临前。

**预防措施**

（1）**合理选址建园** 选择水位低、排水通畅的地块建园，避开低洼地。

（2）**高垄栽培** 在地下水位比较高、多雨易发生涝害的果园，采用高垄栽培。

（3）**建好排水设施** 地下水位比较高和雨水较多的猕猴桃产区，要建好灌排设施，在果园行间和果园四周都要开挖排水沟，建设安装抽水设备，一旦发生洪涝能及时排干园里的积水，保护根系免受损伤。

（4）**避雨栽培** 降雨较多的地区可以建设防雨棚等避雨设施进行避雨栽培。

猕猴桃高垄栽培防涝

(5) **关注天气预报提前预防** 对于时常有暴风雨发生的地区，应注意天气预报，提前做好预防工作。

(6) **灾后急救措施**

①要及时快速地排出果园积水，清除淤泥，防止树体浸水时间过长而死亡。特别是地势较低、容易积水的果园可以使用排水泵排出积水。

②涝灾过后加强果园管理。地面管理方面，要及时对树盘进行中耕松土，使土壤疏松透气，促进根系恢复正常生理活动；架面管理方面，要及时夏剪疏除过密的枝条，增强果园通风透光性，降低湿度，减轻病害发生程度。

③做好病虫害防治工作。涝灾会使果园土壤积水，降低土壤的通透性，造成土壤缺氧，容易发生根腐病，同时果园湿度增加，树体受灾后抗性降低，另外，高温高湿条件也易发生褐斑病等叶部病害。所以要及时调查，及早发现，及早采取药剂防治措施，具体用药参见根腐病和褐斑病。

# PART 2

# 虫　害

## 金龟子

**分类地位** 金龟子属鞘翅目鳃金龟科，种类有10多种，常见的主要有华北大黑鳃金龟（*Holotrichia oblita*）、棕色鳃金龟（*Holotrichia titanis*）、铜绿丽金龟（*Anomala corpulenta*）等，金龟子的幼虫统称为蛴螬，生活于土中，是一类重要的地下害虫。

**为害特点** 金龟子幼虫和成虫均可为害猕猴桃。幼虫啃食猕猴桃的根皮和嫩根，影响水分和养分的吸收、运输，造成植株早衰，叶片发黄、早落。成虫取食叶、花、幼果及嫩梢，形成不规则缺刻和孔洞。

金龟子为害猕猴桃叶片

**形态特征** 金龟子成虫多为卵圆形或椭圆形，触角鳃叶状，由9～11节组成，各节都能自由开闭。体壳坚硬，表面光滑，多有金属光泽。前翅坚硬，后翅膜质。这里介绍常见的3种金龟子。

（1）**华北大黑鳃金龟**

成虫：长椭圆形，体长21～23毫米、宽11～12毫米，黑色或黑褐色具光泽。胸、腹部生有黄色长毛，臀板端明显向后突起，前胸背板宽为长的2倍，前缘钝角，后缘角几乎成直角。每鞘翅3条隆线。雄虫末节腹面中央凹陷，雌虫隆起。雌虫腹部末节中部肛门附近呈新月形，凹处较浅，后足胫节内侧端距大而宽。

卵：椭圆形，乳白色。

幼虫：体长35 ~ 45毫米，肛门孔呈三射裂缝状，前方着生一群扁而尖端呈钩状的刚毛，并向前延伸至肛腹片后部1/3处。

蛹：黄白色，椭圆形，尾节具突起1对。预蛹体表皱缩无光泽。

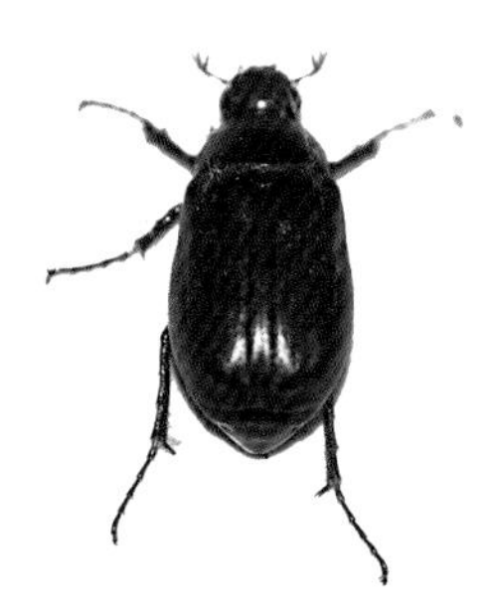

华北大黑鳃金龟成虫

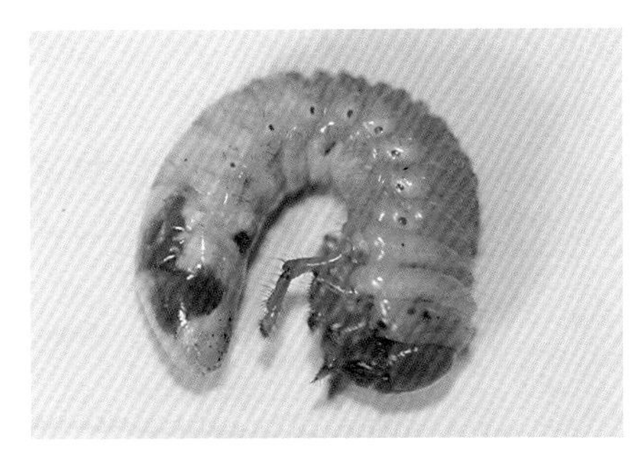

华北大黑鳃金龟幼虫（蛴螬）

（2）**棕色鳃金龟**

成虫：体长21.2 ~ 25.4毫米、宽11 ~ 14毫米，茶褐色，略显丝绒状闪光，腹面光亮。头小，唇基短宽。前缘中央凹缺，密布刻点。触角鳃叶状，10节，鳃叶部特阔。鞘翅长而薄，纵隆线4条，肩瘤显著。前胸背板、鞘翅均密布刻点。前胸背板中央具1条光滑纵隆线，小盾片三角形，光滑或具少数刻点。胸腹面具黄色长毛，足棕褐色，具光泽。

棕色鳃金龟成虫

卵：初产乳白色卵圆形，后呈球形。

幼虫：老熟幼虫体长45 ~ 55毫米，头宽约6.1毫米。头部前顶刚毛每侧2根（冠缝侧1根，额缝上侧1根）。头部前顶刚毛每侧1 ~ 2根，绝大多数仅1根。肛门孔三裂。

蛹：长23.5 ~ 25.5毫米，宽12.5 ~ 14.5毫米，黄白色，腹末端具2个尾刺，刺端黑色，蛹背中央自胸部至腹末具1条比体色较深的纵隆线。

(3) 铜绿丽金龟

成虫：一般雄大雌小。体长19 ~ 21毫米、宽8 ~ 11.3毫米，体背铜绿色具金属光泽。复眼黑色，触角9节，唇基褐绿色且前缘上卷。前胸背板及鞘翅侧缘黄褐色或褐色；有膜状缘的前胸背板，前缘弧状内弯，侧、后缘弧形外弯，前角锐后角钝，密布刻点。鞘翅黄铜绿色且纵隆脊略见，合缝隆明显。雄虫腹面棕黄色，密生细毛，雌虫腹面乳白色且末节横带棕黄色。臀板黑斑近三角形。足黄褐色，胫、跗节深褐色，前足胫节外侧具2齿、内侧具1棘刺。初羽化成虫前翅淡白色，后逐渐变化。

卵：白色，初产时长椭圆形，长1.65 ~ 1.94毫米，宽1.30 ~ 1.45毫米；后逐渐膨大为近球形，长约2.34毫米，宽约2.16毫米，卵壳光滑。

幼虫：三龄幼虫体长29 ~ 33毫米，暗黄色。头部近圆形，头部前顶毛各8根，后顶毛10 ~ 14根，额中侧毛列各2 ~ 4根。腹部末端两节自背面观为泥褐色且带有微蓝色。臀腹面的具刺毛列多由13 ~ 14根长锥刺组成，肛门孔呈横裂状。

铜绿丽金龟成虫

铜绿丽金龟幼虫（蛴螬）

蛹：略呈扁椭圆形，长约18毫米，宽约9.5毫米，黄色。腹部背面有6对发音器。雌蛹末节腹面平坦，有1条细小的飞鸟形皱纹。羽化前，前胸背板、翅芽、足变绿。

## 发生特点

| | |
|---|---|
| 发生代数 | 金龟子多为1年1代，少数2年1代 |
| 越冬方式 | 1年1代者以幼虫入土越冬，2年1代者幼虫、成虫交替入土越冬 |
| 发生规律 | 5～6月羽化为成虫出土为害地上部分；6～8月交配入土，将卵产在5～10厘米深的土内；7～8月幼虫孵化，在地下取食为害植株根系；至秋季土温下降到其活动适宜范围时，移向土壤上层；冬天来临前，以二至三龄幼虫或成虫潜入深土层，营造土窝（球形），将自己包于其中越冬 |
| 生活习性 | 成虫白天潜伏，黄昏出土活动、为害，交尾后仍取食，午夜以后逐渐潜返土中。成虫羽化出土迟早与5～6月温湿度的变化有密切关系，雨量充沛则出土早，盛发期提前。成虫食性杂，食量大，具假死性与趋光性，一生多次交尾，入土产卵 |

**防治适期** 堆肥期、春末夏初幼虫出土期、萌芽期、花蕾期和生长季为害期。

## 防治措施

（1）**农业防治** 施用充分腐熟的有机肥料。清除田间、水沟边等地的杂草和杂物，以减少害虫生存繁殖场所。秋季或初冬深翻土壤，破坏地下害虫的越冬环境。利用其成虫的假死性，在其集中为害期，于傍晚、黎明时分，人工捕杀成虫。

（2）**利用趋性诱杀** 利用金龟子成虫的趋光性，在其集中为害期，于晚间用黑光灯、频振式杀虫灯等诱杀。利用某些金龟子成虫对糖醋液的趋性，在其活动盛期，放置糖醋液诱杀。糖醋液配方：红糖1份、醋2份、白酒0.4份、敌百虫0.1份、水10份。

（3）**生物防治** 在金龟子进入深土层之前，或越冬后上升到表土时，中耕土壤，在翻耕的同时，放鸡吃虫。

（4）**药剂防治**

①药剂处理土壤。每亩用50%辛硫磷乳油200～250克，加水10倍喷于25～30千克细土上拌匀制成毒土，顺垄条施，随即浅锄，或将该毒土撒于种沟或地面，随即耕翻或混入厩肥中施用；用5%辛硫磷颗粒剂，每亩2.5～3千克处理土壤。

②毒饵诱杀。每亩用25%辛硫磷胶囊剂150～200克拌谷子等饵料5千克，或50%辛硫磷乳油50～100克拌饵料3～4千克，撒于种沟中，也可收到良好的防治效果。

③喷药防治。花前2 ~ 3天的花蕾期里，用90%敌百虫原药1 000倍液，或40%辛硫磷乳油1 500倍液，或2.5%溴氰菊酯乳油2 000倍液，或2.5%高效氯氟氰菊酯乳油2 000 ~ 3 000倍液喷杀成虫。

## 东方蝼蛄

**分类地位** 东方蝼蛄（*Gryllotalpa orientalis*），为直翅目蝼蛄科地下害虫。

**为害特点** 东方蝼蛄成虫、若虫均在土中活动，喜食刚发芽的种子，咬食嫩苗根部和嫩茎，被害部呈乱麻状，对植株幼苗伤害极大。还可在苗床土表下潜行开掘形成隧道，使幼苗根部脱离土壤，失水枯死。

**形态特征**

成虫：体长30 ~ 35毫米，灰褐色，全身密布细毛。头圆锥形，触角丝状。前胸背板卵圆形，中间具1个暗红色长心脏形凹陷斑。前翅灰褐色，较短，仅达腹部中部。后翅扇形，较长，超过腹部末端。腹末具1对尾须。前足为开掘足，后足胫节背面内侧有4个距。

东方蝼蛄成虫

卵：椭圆形，初产时灰白色，有光泽，后逐渐变成黄褐色，孵化之前为暗紫色或暗褐色。

若虫：共8 ~ 9龄。初孵若虫乳白色，体长约4毫米，腹部大。二龄以上若虫体色接近成虫，末龄若虫体长约25毫米。

**发生特点**

| | |
|---|---|
| 发生代数 | 东方蝼蛄在华中、长江流域及其以南地区每年发生1代；华北、东北、西北2年左右完成1代；陕西南部约1年发生1代，陕西关中1 ~ 2年发生1代 |
| 越冬方式 | 以成虫和若虫在土中越冬 |

（续）

| | |
|---|---|
| 发生规律 | 在黄淮地区，越冬成虫5月开始产卵，盛期为6～7月，卵经15～28天孵化，当年孵化的若虫发育至四至七龄后，在40～60厘米深土层中越冬，第二年春季恢复活动，为害至8月开始羽化为成虫。在黑龙江省越冬成虫活动盛期为6月上中旬，越冬若虫的羽化盛期为8月中下旬 |
| 生活习性 | 东方蝼蛄通常栖息于地下，夜间和清晨在地表下活动。昼伏夜出，晚上9：00～11：00为活动取食高峰期。喜欢潮湿，多集中在沿河两岸、池塘和沟渠附近产卵。气温5℃左右时，东方蝼蛄开始上移，气温10℃以上时出土活动为害，当土温上升到14.9～26.5℃时，是为害最严重时期。初孵若虫有群集性，孵化后3～6天群集，之后分散为害。东方蝼蛄具有强烈的趋光性，并对香、甜物质气味有趋性，特别嗜食煮至半熟的谷子、棉籽及炒香的豆饼、麦麸等，还对马粪等未腐烂有机物有趋性，在堆积马粪、粪坑及有机质丰富的地方东方蝼蛄就多。大多数蝼蛄具趋湿性，素有“蝼蛄跑湿不跑干”之说 |

**防治适期** 5月上旬至6月中旬蝼蛄为害期。

**防治措施**

（1）**农业防治** 深翻土壤、精耕细作破坏东方蝼蛄的产卵场所，造成不利于其生存的环境，减轻为害。为害期追施碳酸氢铵等化肥，散出的氨气对蝼蛄有一定的驱避作用。秋季大水灌地，使向深层迁移的蝼蛄被迫向上迁移，在结冻前深翻，把翻上地表的害虫冻死。另外，在东方蝼蛄为害期间，根据蝼蛄活动产生的新鲜隧道，进行人工捕杀。

（2）**利用趋性诱杀** 在田间挖长宽30厘米×30厘米、深约20厘米的坑，内堆湿润马粪并盖草，每天清晨捕杀东方蝼蛄。使用黑光灯，特别是在无月光的夜晚，可诱集大量东方蝼蛄，且雌性多于雄性。将豆饼或麦麸5千克炒香，再与90%敌百虫原药150克兑水拌匀，做成毒饵，每亩1.5～2.5千克，撒在地里或苗床上。

（3）**药剂防治** 在东方蝼蛄为害严重的地块，每亩用5%辛硫磷颗粒剂1～1.5千克与15～30千克细土混匀后，撒于地面并耙耕，或于栽前沟施毒土。苗床受害重时，可用50%辛硫磷乳油800倍液灌洞灭虫。

## 小地老虎

**分类地位** 小地老虎（*Agrotis ipsilon*）为节肢动物门昆虫纲鳞翅目夜蛾科地老虎属地下害虫。俗称土蚕、黑地蚕、切根虫等。

**为害特点** 小地老虎主要以幼虫为害猕猴桃幼苗，多从地面咬断嫩茎，常造成严重的缺苗断垄，甚至毁种。

**形态特征**

成虫：体长21 ~ 23毫米，翅展48 ~ 50毫米。雌蛾触角丝状；雄蛾触角双栉齿状，栉齿渐短，端半部为丝状。额部平整光滑无突起，虫体和翅暗褐色，前翅前缘及外横线至中横线部分(有的个体可达内横线)呈棕褐色，肾形斑、环形斑及剑形斑位于其中，各斑均环以黑边。在肾形斑外，内横线里有1个明显的尖端向外的楔形黑斑，在亚缘线内侧有2个尖端向内的黑斑，3个楔形黑斑尖端相对，是识别成虫的主要特征。后翅灰白色，翅脉及边缘呈黑褐色。雄性外生殖器钩形突细长，端部尖，有冠刺，抱钩为1个细指状突起，阳茎端基环宽肥，两侧中部外突，基部尖，端部圆钝，无结状突起。

幼虫：头部暗褐色，侧面有黑褐斑纹，体黑褐色稍带黄色，密布黑色小圆突，腹部末端肛上板有1对明显黑纹，背线、亚背线及气门线均黑褐色，不很明显，气门长卵形，黑色。

小地老虎成虫（雄虫）

小地老虎幼虫

卵：扁圆形，初产时乳白色，渐变为淡褐色，孵化前褐色。

蛹：黄褐至暗褐色，腹末稍延长，有1对较短的黑褐色粗刺。

**发生特点**

| | |
|---|---|
| 发生代数 | 我国各地每年发生2 ~ 7代不等 |
| 越冬方式 | 南方大部分地区一般以幼虫和蛹在土中越冬，在冬暖（1月平均温度高于8℃）的地区，冬季能继续生长、繁殖与为害 |
| 发生规律 | 越冬代成虫盛发期在3月上旬，第1代小地老虎卵孵化盛期在4月中旬，4月下旬至5月中旬是幼虫为害盛期，5月中下旬老熟幼虫化蛹，6月下旬羽化为成虫后陆续迁出 |
| 生活习性 | 成虫具有长距离迁飞特性；成虫昼伏夜出，具有强烈的趋化性，喜吸食糖蜜等带有酸甜味的汁液，对黑光灯趋性强；卵散产于田间土块下、土表缝隙中、地面枯草茎和根须上以及植物幼苗背面等处。幼虫有假死性，遇惊扰则缩成环状，白天潜伏于表土的干湿层之间，夜晚出土从地面将幼苗植株咬断为害 |

**防治适期** 卵孵化盛期和低龄幼虫发生期。

**防治措施**

（1）**物理防治** 利用糖醋液、黑光灯和泡桐叶诱杀成虫。

（2）**毒饵诱杀** 将5千克饵料炒香，与90%敌百虫150克加水拌匀做成毒饵，每亩1.5 ~ 2.5千克撒施。

（3）**药剂防治** 可用2.5%溴氰菊酯乳油2 000倍液，或20%氰戊菊酯乳油1 500倍液，或2.5%高效氯氟氰菊酯乳油2 000倍液喷施植株下部防治。也可用50%辛硫磷乳油1 000倍液灌根。

## 蝽

**分类地位** 蝽俗称臭板虫等，体有臭腺，能放出刺鼻臭味。为害猕猴桃的蝽主要有斑须蝽（*Pdycoris baccarum*）、茶翅蝽（*Halyomorpha harys*）、麻皮蝽（*Erthesina fullo*）、广二星蝽（*Stollia vetralis*）、小长蝽（*Nysius ericae*）等，属半翅目蝽科。在猕猴桃生产上为害普遍的主要为前3种，其中以茶翅蝽为害最严重。

**为害特点** 成虫和若虫主要在猕猴桃的叶、花、果实和嫩梢上以刺吸式口器吸食汁液为害。叶片被害后失绿变色。幼果受害后局部停止生长形成疤痕，造成果形不正，为害严重时幼果脱落，后期果实被害后果肉木质化变硬，果肉出现纤维状白斑，失去商品价值。

茶翅蝽为害叶片

茶翅蝽为害果实

茶翅蝽为害后果肉出现纤维状白斑

果肉出现纤维状白斑（果实横切面）

**形态特征**

（1）斑须蝽

成虫：体长8.0 ~ 13.5毫米、宽5.5 ~ 6.5毫米，雌虫比雄虫略大，椭圆形，黄褐色或紫色，密被白色绒毛和黑色小刻点。触角5节，黑色，第1节短而粗，第2 ~ 5节基部黄白色，形成黄黑相间的“斑须”。小盾片三角形，呈鲜明的淡黄色，末端钝而光滑，为其识别特征。前翅革质部淡红褐色至红褐色，膜质部透明，黄褐色，超过腹部末端。胸腹部的腹面淡褐色，散布零星小黑点。足黄褐色，腿节和胫节密布黑色刻点。

卵：长圆筒形，初产为黄白色，孵化前为橘黄色，眼点红色，有圆盖。卵壳有网纹，生白色短绒毛。卵排列整齐，聚集成块，平均约16粒。

若虫：共5龄。形态、色泽与成虫相同，略圆。体暗灰褐色或黄褐色，全身被有白色绒毛和刻点。触角4节，黑色，节间黄白色，腹部黄色，背面中央自第2节向后均有一黑色纵斑，各节侧缘均有一黑斑。若虫腹部每节背面中央和两侧都有黑色斑。

斑须蝽成虫

斑须蝽若虫

（2）**茶翅蝽**

成虫：体长12 ~ 16毫米、宽6.5 ~ 9.0毫米，扁椭圆形，灰褐色略带紫色，复眼球形黑色，前胸背板、小盾片和前翅革质部均有黑褐色刻点，前胸背板前缘有4个黄褐色小点横列，小盾片基部有5个小黄点横列，以两侧的斑点较为明显。

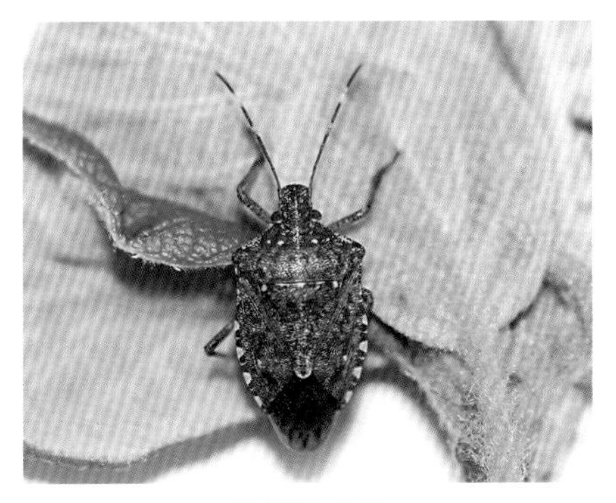

茶翅蝽成虫

卵：短圆筒状或柱状，高约1毫米，直径0.7毫米左右，形似茶杯，周缘环生短小刺毛，初产时淡绿色，渐白色，孵化前呈黑褐色，卵壳变硬。卵常平行排列成块状。

若虫：共5龄。初孵若虫体长1.5毫米左右，近圆形，体为白色，后变为黑褐色，老熟若虫与成虫相似，无翅。前胸背板两侧有刺突，腹部淡橙黄色，各腹节两侧节间有1个长方形黑斑，共8对。

茶翅蝽卵壳与低龄若虫

茶翅蝽高龄若虫

（3）**麻皮蝽**

成虫：体长18 ～ 25毫米、宽8 ～ 11毫米。体型稍宽大，黑褐色，密布黑色刻点及细碎不规则黄斑。头部狭长，侧叶与中叶末端约等长，侧叶末端狭尖。触角5节，黑色，第1节短而粗大，第5节基部1/3为浅黄色。喙浅黄色，4节，末节黑色，达第3腹节后缘。头部前端至小盾片有1条黄色细中纵线。前胸背板前缘及前侧缘具黄色窄边。胸部腹板黄白色，密布黑色刻点。各腿节基部2/3为浅黄色，两侧及端部黑褐色，各胫节黑色，中段具淡绿色环斑，腹部侧接缘各节中间具小黄斑，腹面黄白色，节间黑色，两侧散生黑色刻点，气门黑色，腹面中央具1条纵沟，长达第5腹节。

卵：灰白色，块生，近鼓状，顶端有盖，周缘具刺毛。不规则块状，数粒或数十粒黏在一起。

麻皮蝽成虫

麻皮蝽若虫

若虫：各龄均呈扁洋梨形，前尖削后浑圆。初孵时胸腹部有许多红、黄、黑相间的横纹。老熟时似成虫，体长约19毫米，体红褐色或黑褐色，自头端至小盾片具一黄红色细中纵线。体侧缘具淡黄狭边。腹部3～6节的节间中央各具1块黑褐色隆起斑，斑块周缘淡黄色，上具橙黄色或红色臭腺孔各1对。腹侧缘各节有1块黑褐色斑。喙黑褐色，伸达第3腹节后缘。

**发生特点**

| | |
|---|---|
| 发生代数 | 斑须蝽：黄河流域1年发生3代，长江流域1年发生3～4代<br>茶翅蝽：北方1年发生1代，南方1年发生2代<br>麻皮蝽：1年发生2代 |
| 越冬方式 | 以成虫在建筑物、老树皮、杂草、残枝落叶上和土壤缝隙里越冬 |
| 发生规律 | 斑须蝽：陕西关中地区4月初越冬成虫开始活动，5月上旬至6月上旬、6月中旬至7月中旬、8月上旬至9月中旬分别为第1代、第2代、第3代若虫盛发期<br>茶翅蝽：1代区，4月底至5月初越冬成虫开始活动，6月上旬至8月产卵，7月上旬开始陆续孵化，初孵时群集为害，后逐渐分散，8月中旬开始陆续老熟羽化为成虫，成虫为害至9月，然后寻找适当场所越冬。2代区，3月下旬开始活动，4月上中旬开始产卵，第1代若虫于4月底至6月中旬孵出，6月中旬至8月上旬羽化，7月上旬至9月中旬产卵；第2代于7月中旬至9月下旬孵化，9月上旬至10月中旬羽化，11月中旬以后陆续越冬<br>麻皮蝽：3～4月出蛰，5～6月产卵，6月下旬至8月中旬为第1代成虫盛发期，8～10月第2代成虫盛发后进入越冬 |
| 生活习性 | 成虫飞翔力强，喜于树体上部栖息为害，交配多在上午。具假死性，受惊扰时均分泌臭液，但早晚低温时常假死坠地，正午高温时则逃飞。卵多块产于叶背，初龄若虫常群集在卵块附近，二至三龄若虫分散为害 |

**防治适期** 越冬成虫出蛰期和各代初龄若虫发生期，特别是第1代初孵若虫发生期（6月上中旬茶翅蝽正处在产卵前期）。

**防治措施**

（1）**消灭越冬成虫** 冬季清除枯枝落叶和杂草，刮除粗皮、翘皮，集中进行沤肥或深埋，以消灭越冬成虫。

（2）**人工捕杀** 由于茶翅蝽发生期不整齐，药剂防治比较困难，因而人工捕捉成虫和收集卵块是一种较好的防治措施。具体方法：早春季节，可采取堵树洞、刮老翘树皮等措施消灭越冬成虫。4～6月可摘除有卵块或若虫团的叶片，并集中销毁，或利用成虫的假死性在其活动盛期早晚进行人工捕杀；秋季（9月），可在傍晚捕杀屋舍向阳墙面上准备越冬的成虫；9月中下旬，可在果园内或果园附近的树上、墙上等处挂瓦楞纸箱、编织袋等，诱集成虫在其内越冬，然后集中烧毁。

（3）**诱杀** 利用成虫趋化性，在其活动盛期设置糖醋液诱杀。同时还可防治具趋化性的其他害虫如金龟子等。利用茶翅蝽喜食甜食的特点，可配制毒饵诱杀。具体方法：取蜂蜜20份、敌百虫1份、水20份混合制成毒饵，涂抹在果树2～3年生的枝蔓上，以幼果期雨天使用效果最好。

（4）**保护或释放天敌** 天敌有椿象黑卵蜂、稻蝽小黑蜂等，并注意在寄生蜂成虫羽化和产卵期，避免使用触杀性杀虫剂。

（5）**人工保护** 套袋是减少茶翅蝽为害果实的有效措施。受害严重的果园，在产卵和为害前进行果实套袋。选用大型果袋，使果实在袋中悬空生长，果与袋之间要有2厘米的空隙，以防茶翅蝽隔袋为害。

（6）**药剂防治** 若虫盛发期，可选用25%灭幼脲悬浮剂2 000倍液，或90%敌百虫原药1 000倍液，或40%辛硫磷乳油1 500倍液，或20%溴氰菊酯乳油2 000倍液，或10%高效氯氰菊酯乳油2 000倍液，或50%敌敌畏乳油1 000倍液全园喷雾防治。喷雾时间最好在蝽不喜活动的清晨。5月上旬对果园外围树木喷药封锁，阻止成虫迁入果园产卵。9月果实成熟期对果园外围喷药保护，再次防止成虫迁入果园为害。

## 绿盲蝽

**分类地位** 绿盲蝽（*Apolygus lucorum*）属半翅目盲蝽科后丽盲蝽属，是一种刺吸为害的杂食性害虫。

**为害特点** 绿盲蝽成虫和若虫刺吸为害猕猴桃幼嫩组织，如幼芽、嫩叶、花蕾及幼果等，造成细胞坏死或畸形生长。新梢幼芽被害后出现针刺状失绿斑，后变褐色坏死点，随着幼叶发育展开，以刺吸坏死点为中心被拉伸扩大，破口处边缘变黄泛红、变厚，扩展成许多不规则孔洞，坏死点逐渐扩大相连，严重时叶片千疮百孔、残破不全、扭曲皱缩、畸形，俗称“破叶疯”“破叶病”“破天窗”“破头疯”等，严重时导致叶芽不能萌发。花瓣被害出现褐色的针刺状小点，造成开花不齐，影响坐果。幼果受害后在被害点溢出红褐色胶质物，有的出现黑色水渍状坏死斑，有的出现隆起的

小疤，果肉组织坏死、停止发育、木栓化，果面凹凸不平。随着果实生长膨大，被害处凹陷木栓化形成果疤，导致畸形果，严重者僵化脱落。

绿盲蝽为害状

被害叶片正面

被害叶片背面

绿盲蝽若虫为害嫩芽

绿盲蝽成虫为害幼叶

绿盲蝽成虫为害嫩枝

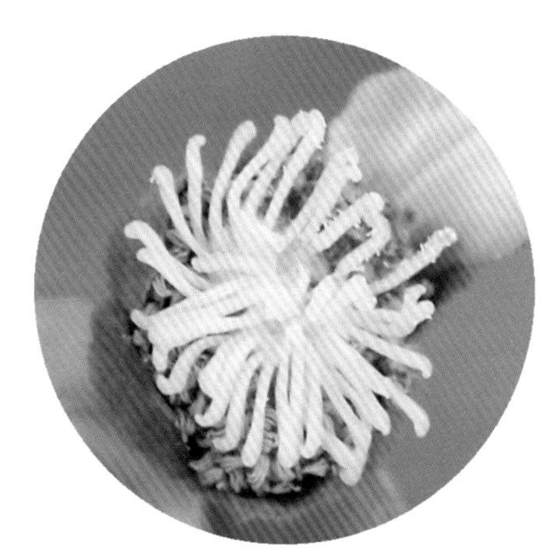

绿盲蝽若虫为害花

**形态特征**

成虫：体长4.5 ~ 5.5毫米、宽2.0 ~ 2.5毫米，雌成虫比雄成虫稍大。体绿色或黄绿色，密被短毛。头部三角形，复眼黑色，无单眼。触角4节，丝状，约为体长的2/3，第2节最长，基部2节黄绿色，端部2节褐色；前胸背板深绿色，密布刻点，前缘宽；小盾片黄绿色，三角形微突，中央具一浅纵纹。前翅革片绿色具楔片，革片端部与楔片相接处略呈灰褐色，楔片绿色，基部革质绿色，端部膜质灰色半透明；足黄绿色，后足腿节末端有褐色环斑；跗节3节，末端黑色。

卵：初产时白色，以后变成淡黄色，长1毫米左右，宽0.3毫米，香蕉状，略弯曲，两端尖突，顶部有奶黄色卵盖，边缘无附属物。

刚羽化的绿盲蝽成虫

绿盲蝽成虫

若虫：共5龄。体卵圆形，初孵时绿色，复眼桃红色，三龄出现翅芽，五龄后全体鲜绿色。

绿盲蝽若虫

## 发生特点

| | |
|---|---|
| 发生代数 | 绿盲蝽北方1年发生4 ~ 5代，南方1年发生6 ~ 7代 |
| 越冬方式 | 以卵在杂草和树皮的裂缝、剪锯口、留桩处及浅层的土壤中越冬 |
| 发生规律 | 越冬卵于4月中下旬孵化，雨后是卵孵化的高峰时段。4月下旬至5月上旬，正值猕猴桃萌芽展叶期，进入第一个为害高峰期，也是对猕猴桃嫩芽和幼叶为害严重期，会造成大量“破叶疯”。越冬代（第1代）虫态整齐，后期世代重叠。当嫩梢停止生长，叶片老化后转移到周围其他寄主植物为害。秋季部分成虫又回迁猕猴桃园为害夏秋梢 |
| 生活习性 | 绿盲蝽成虫、若虫均较活泼，成虫飞翔能力强。喜欢温暖、阴暗潮湿的环境，阴雨天能全天活动。不喜欢高温强光，昼伏夜出，日间怕光，停栖在叶背，主要在清晨和傍晚为害。喜好在嫩芽、嫩叶、花和幼果等新生植物组织上刺吸汁液为害。一旦受到惊动即快速转移。可转移寄主为害，向周边其他寄主扩散转移。有趋光性，对青色、绿色、黄色和蓝色趋性较强 |

**防治适期** 第1代若虫发生期，即萌芽展叶期和新梢生长期。

**防治措施** 鉴于绿盲蝽个体小、虫体绿色、幼嫩组织被害初期难以发现，同时若虫活泼，成虫迁飞能力强，易转移扩散，药剂防治上存在危害重、找不见虫，难防治等问题。因此，防治上采取综合防治的策略，提倡统防统治，提高防治效果。

（1）**加强果园管理，降低越冬虫口基数** 越冬期和早春寄主阶段是防治越冬害虫的关键期。秋季结合施基肥深翻土壤。冬季彻底清园，及时刮除老翘树皮，清理枯枝败叶及果园杂草，集中处理，降低越冬卵数量。果园内不套种棉花、苜蓿、蔬菜、豆类、向日葵等寄主植物。合理冬剪和夏剪，保证架面通风透光，防止果园郁闭。

（2）**物理防治**

①悬挂色板诱杀。绿盲蝽成虫对青色、绿色、黄色、蓝色等色板具有较强趋性，可在猕猴桃园周边间隔30 ～ 50米悬挂1个20厘米×25厘米蓝色或绿色粘虫板诱杀成虫，2周左右更换一次，若是粘满随时更换。

②种植诱集作物诱杀。利用绿盲蝽对喜好植物的趋性，在猕猴桃园周边建立田间“诱杀带”，种植向日葵、绿豆、苜蓿、胡萝卜、芫荽等诱集作物，集中诱集灭杀。也可于10月初在猕猴桃园周边种植绿盲蝽喜食植物等诱导绿盲蝽将越冬卵产于其上，减少猕猴桃园越冬基数。

③悬挂性诱剂诱杀成虫。将绿盲蝽性诱剂及配套诱捕器以Z形5点式分布于果园中，每亩挂3 ～ 5个，悬挂于架面通风处，1个月更换1次诱芯，进行诱杀。性诱剂靶杀效果好，但应用成本高，挥发扩散面积小，仅能诱杀成虫，生产上大面积使用不划算。可以用于监测虫情。

④诱虫灯诱杀。成虫发生期可以使用频振式杀虫灯等进行灯光诱杀。

（3）**生物防治** 生产上可保护利用草蛉、寄生蜂、蜘蛛、猎蝽等绿盲蝽的天敌。寄生蜂对绿盲蝽寄生作用较强。如红颈常室茧蜂（*Peristenus spretus*）是绿盲蝽若虫的内寄生蜂，寄生性强，有条件的可以释放防治。

（4）**药剂防治** 当监测蓝色粘虫板诱到2 ～ 3头成虫时及时喷药防治。药剂选择上，虫龄较低时可选用烟碱类等持效药剂，虫龄较高时可选用菊酯类等速效药剂。如可选药剂有10%吡虫啉可湿性粉剂1 500 ～ 2 000倍液，或25%噻虫嗪水分散粒剂4 000 ～ 5 000倍液，或40%啶虫脒水分散粒剂5 000 ～ 6 000倍液，或50%氟啶虫胺腈水分散粒剂3 000倍液，或1.8%阿维菌素乳油2 000 ～ 3 000倍液，或4.5%高效氯氰菊酯乳油1 500 ～ 2 000倍液，或2.5%高效氯氟氰菊酯乳油1 000 ～ 2 000倍

液，或22.4%螺虫乙酯悬浮剂3 000 ～ 5 000倍液等。也可选用天然植物源农药如1%苦皮藤素水乳剂40 ～ 50毫升/亩，或1%苦参碱可溶液剂1 500 ～ 2 000倍液，或0.5%藜芦碱可溶液剂1 000倍液，或0.5%印楝素微乳剂400 ～ 600倍液等。间隔10 ～ 15天1次，根据防治效果喷施1 ～ 2次。

**温馨提示**

由于绿盲蝽白天常在树下杂草及行间作物上潜伏，早晚上树为害，喷药时需对地面杂草、行间作物一起喷洒，药剂要喷洒均匀，并尽量在早晨或傍晚喷药，效果较佳。

## 叶蝉

**分类地位** 为害猕猴桃的叶蝉主要有小绿叶蝉（*Empoasca flavescens*）和大青叶蝉（*Cicadella viridis*），均属半翅目叶蝉科。小绿叶蝉又名桃小绿叶蝉、桃小浮尘子；大青叶蝉别名青叶跳蝉、青叶蝉、大绿浮尘子。

大青叶蝉成虫为害主干

**为害特点** 叶蝉为刺吸式口器，以成虫、若虫刺吸叶片汁液为害。叶片被害后出现淡白点，而后点连成片，直至全叶苍白枯死。也可使叶片出现枯焦斑点和斑块，造成早期落叶。此外，雌虫可用产卵器刺入茎部组织中产卵，刺伤枝蔓表皮，使枝蔓上的叶片枯萎，枝蔓失水，常引起冬、春抽条和幼树枯死。苗木和幼树受害较重。有时，雌虫在叶背主脉中产卵，若虫孵出留下1条褐色缝隙，虫口基数大时，叶背伤痕累累。

叶片被害状

**形态特征** 叶蝉为小型善跳的害虫。单眼2个，少数种类无单眼。后足胫节有棱脊，棱脊上有3～4列刺状毛。后足胫节刺毛列是叶蝉科最显著的识别特征。

（1）**小绿叶蝉**

成虫：体长3～4毫米，黄绿色至绿色，复眼灰褐色至深褐色，无单眼，触角刚毛状，末端黑色。前胸背板、小盾片浅绿色，常具白色斑点。前翅半透明，略呈革质，淡黄白色，周缘具淡绿色细边；后翅无色透明膜质。各足胫节端部以下淡青绿色，爪褐色；跗节3节；后足为跳跃足。雌成虫腹面草绿色，雄成虫腹面黄绿色。

卵：长0.6～0.8毫米，宽约0.15毫米，新月形或香蕉形，头端略大，浅黄绿色，后期出现1对红色眼点。

若虫：共5龄。若虫除翅尚未形成外，体形、体色与成虫相似。一龄若虫体长0.8～0.9毫米，乳白色，头大体纤细，体疏覆细毛；二龄若虫体长0.9～1.1毫米，淡黄色；三龄若虫体长1.5～1.8毫米，淡绿色，腹部明显增大，翅芽开始显露；四龄若虫体长1.9～2.0毫米，淡绿色，翅

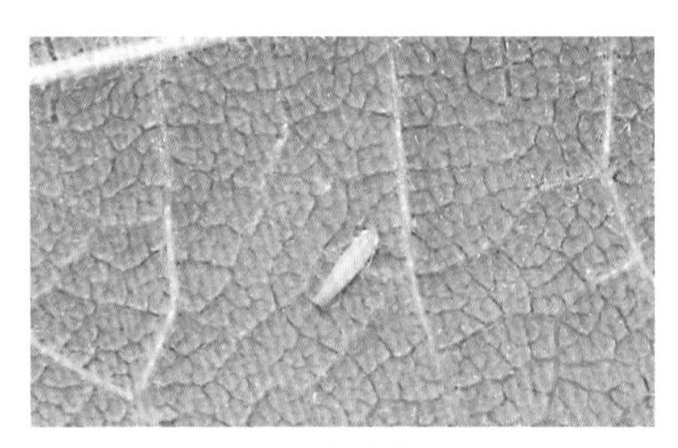

小绿叶蝉成虫

小绿叶蝉若虫

芽明显；五龄若虫体长2.0 ~ 2.2毫米，草绿色，翅芽伸到腹部第5节，接近成虫形态。

（2）**大青叶蝉**

成虫：雄虫体长7 ~ 8毫米，雌虫体长9 ~ 10毫米。体黄绿色，头部颜面淡褐色，复眼三角形，绿色或黑褐色。触角窝上方、两单眼之间具1对黑斑。前胸背板浅黄绿色，后半部深绿色。前翅绿色带有青蓝色泽，前缘淡白，端部透明，翅脉青绿色，具狭窄淡黑色边缘，后翅烟黑色、半透明。腹两侧、腹面及胸足均为橘黄色。跗爪及后足胫节内侧细条纹、刺列的刺基部均为黑色。

卵：长卵形稍弯曲，长约1.6毫米，宽约0.4毫米，乳白色，表面光滑，近孵化时为黄白色。一端稍细，表面光滑。

若虫：初孵若虫灰白色，微带黄绿，头大腹小，复眼红色，胸、腹背面无显著条纹。若虫三龄后体黄绿色，胸、腹背面具褐色纵列条纹，并出现翅芽。老熟若虫体长6 ~ 7毫米，头冠部有2个黑斑，胸背及两侧有4条褐色纵纹直达腹端，形似成虫。

大青叶蝉成虫

大青叶蝉产卵

大青叶蝉初孵若虫

大青叶蝉若虫

**发生特点**

| | |
|---|---|
| 发生代数 | 小绿叶蝉：1年发生多代，猕猴桃整个生育期均可为害<br>大青叶蝉：北方1年发生3代 |
| 越冬方式 | 小绿叶蝉：以成虫在树皮缝、杂草丛中越冬<br>大青叶蝉：以卵于树干、枝蔓表皮下越冬 |
| 发生规律 | 小绿叶蝉：越冬后若虫4月开始活动，6月中旬为第1次虫口高峰期，8月下旬为第2次高峰期<br>大青叶蝉：翌年4月孵化，若虫期30 ~ 50天，于杂草、农作物及蔬菜上繁殖为害，5 ~ 6月出现第1代成虫，7 ~ 8月出现第2代成虫，9 ~ 11月出现第3代成虫；第2 ~ 3代成虫、若虫主要在果园为害幼苗、幼龄植株和杂草等，至10月中旬成虫开始迁至树干上产卵，10月下旬为产卵盛期 |
| 生活习性 | 小绿叶蝉：成虫活跃善跳，多产卵于叶背或茎部组织。其发生与气候条件关系密切。旬平均气温15 ~ 25℃，对其生长发育较为适宜。高于28℃时，对其生长发育不利，虫口显著下降。雨量大、下雨时间长以及干旱均不利于其繁殖。小绿叶蝉在雨天或晨露时不活动。时晴时雨的天气，杂草丛生的果园有利于该虫发生。其白天活动，喜于叶背刺吸汁液与栖息，成虫常以跳助飞，但飞行力弱，可借风向远处传播<br>大青叶蝉：成虫、若虫日夜均可活动取食，产卵于寄主植物茎、叶柄、主脉、枝蔓等组织内，以产卵器刺破表皮成月牙形伤口，产卵6 ~ 12粒于其中，排列整齐，产卵处的植物表皮成肾形凸起。每头雌虫可产卵30 ~ 70粒，非越冬卵期9 ~ 15天，越冬卵期可达5个月以上。成虫、若虫夏季有较强的趋光性。受惊后即斜行或横行向背阴处或反向逃跑 |

**防治适期** 越冬代成虫出蛰活动盛期，第1代、第2代若虫孵化盛期。

**防治措施**

（1）**冬季清园，阻止成虫产卵** 冬季清除苗圃内的落叶、杂草，减少越冬虫源基数。一二年生幼树，在成虫产越冬卵前用塑料薄膜袋套住树干，或用1 ∶ 50 ~ 1 ∶ 100的石灰水涂干、喷枝，阻止成虫产卵。

（2）**加强果园管理** 幼园和苗圃地附近最好不种秋菜，或在适当位置种秋菜诱杀成虫，杜绝上树产卵。间作物应以收获期较早的为主，避免种植收获期较晚的作物。合理施肥，以有机肥料为主，不过量施用氮肥，以促使树干、当年生枝及时停长成熟，提高树体的抗虫能力。

（3）**诱杀** 在夏季夜晚设置黑光灯或频振式杀虫灯，利用其趋光性，诱杀成虫。另外，还可利用黄板以及糖醋液诱杀成虫。

（4）**药剂防治** 优先选用内吸性杀虫剂，或触杀性和内吸性杀虫剂相结合。喷药应均匀周到。园内的间作物及附近杂草也应同时喷药。4～8月虫口密度大、发生严重的果园，可以用90%敌百虫原药或80%敌敌畏乳油或10%吡虫啉可湿性粉剂2 000倍液，或2.5%溴氰菊酯乳油2 000倍液，或2.5%氯氰菊酯乳油3 000倍液，或25%噻嗪酮可湿性粉剂1 000～1 500倍液，或5%啶虫脒可湿性粉剂2 000～3 000倍液，或50%辛硫磷乳油1 000倍液全园喷雾防治，每7～10天喷1次，连喷2～3次，以消灭迁飞来的成虫。

## 斑衣蜡蝉

**分类地位** 斑衣蜡蝉（*Lycorma delicatula*）属半翅目蜡蝉科。俗称花姑娘、红娘子、椿蹦、花蹦蹦等。

**为害特点** 斑衣蜡蝉以成虫、若虫群集在叶背、嫩梢上刺吸为害，被害部位形成白斑而枯萎，导致嫩梢萎缩、畸形等，影响植株生长。斑衣蜡蝉栖息时头翘起，有时可见数十头群集在新梢上，排列成一条直线；能分泌含糖物质，引起被害植株发生猕猴桃煤污病，使叶面变黑，影响叶片光合作用，从而严重影响植株的生长和发育。

斑衣蜡蝉成虫刺吸为害猕猴桃主干

斑衣蜡蝉若虫群集为害猕猴桃枝蔓

**形态特征**

成虫：雄虫体长13～17毫米，翅展40～45毫米；雌虫体长17～22毫米，翅展50～52毫米。全身灰褐色，常覆白色蜡粉。体隆起，头部小，头角向上卷起，呈短角突起。触角在复眼下方，鲜红色。前翅革质，基部

2/3为淡褐色，翅面具有20个左右的黑点；端部1/3为深褐色，脉纹白色；后翅膜质，基部鲜红色，具有黑点；翅端及脉纹为黑色。

斑衣蜡蝉成虫

卵：长椭圆形，似麦粒，长径约3毫米，短径约2.0毫米，背面两侧具凹线，中部隆起，隆起的前半部有长卵形的盖。卵块上覆一层灰色土状分泌物。

若虫：略似成虫，共4龄。体扁平，头尖长，足长，静如鸡，初孵白色，后渐变黑色。一至三龄若虫体黑色且布许多小白斑点。四龄若虫体背面红色，布黑色斑纹和白点，翅芽明显见于体两侧。足黑色，布有白色斑点，后足发达善跳跃。

斑衣蜡蝉卵块
A.卵块产于枝蔓上　B.卵块产于果实上

斑衣蜡蝉初孵若虫

斑衣蜡蝉低龄若虫

斑衣蜡蝉四龄若虫

## 发生特点

| | |
|---|---|
| 发生代数 | 斑衣蜡蝉1年发生1代 |
| 越冬方式 | 以卵在树干或附近建筑物上越冬 |
| 发生规律 | 翌年4月中旬开始孵化，并群集嫩茎和叶背为害，5月上旬为盛孵期。若虫期约60天，经3次蜕皮，6月中下旬至7月上旬羽化为成虫，活动为害至10月。8月中旬开始交尾产卵，直至10月下旬逐渐死亡 |
| 生活习性 | 卵多产在树干的背阴面，或树枝分杈处。一般每块卵有40 ~ 50粒，多时可达百余粒，卵块排列整齐，覆有一层灰色土状分泌物<br>成虫、若虫喜干燥炎热天气，具有群集性，常数十头至百头栖息于枝干、枝叶与叶柄上，飞翔力较弱，但善于跳跃，受惊扰即跳跃逃避，成虫常以跳助飞或做假死状。成虫寿命4个月余，成虫、若虫为害时间达6个月之久。若8 ~ 9月温度低、湿度高常使产卵量、孵化率下降，使翌年虫口大减。反之，秋季干旱少雨，易成灾 |

**防治适期** 果树休眠期和初孵若虫盛发期。

## 防治措施

（1）**清除寄主植物** 清除果园周围的寄主植物，如臭椿和苦楝等，以降低虫源密度，减轻为害。

（2）**人工除卵** 结合冬季修剪，刮除树干上的卵块。

（3）**保护和利用天敌** 保护和利用寄生蜂等天敌，以控制斑衣蜡蝉。

（4）**药剂防治** 可选用50%辛硫磷乳油2 000倍液，或50%敌敌畏乳油1 000倍液，或10%吡虫啉可湿性粉剂2 000 ~ 3 000倍液，或25%噻虫嗪水分散粒剂4 000 ~ 5 000倍液，或2.5%氯氟氰菊酯乳油2 000倍液，或10%氯氰菊酯乳油2 000 ~ 2 500倍液进行喷雾防治。

## 广翅蜡蝉

**分类地位** 广翅蜡蝉属同翅目蜡蝉总科广蜡蝉科害虫。猕猴桃生产上常见的广翅蜡蝉主要有八点广翅蜡蝉（*Ricania speculum*）、柿广翅蜡蝉（*Ricania sublimbata*）和透明疏广蜡蝉（*Euricanid clara*）等。

**为害特点** 广翅蜡蝉主要以成虫和若虫密集在猕猴桃的嫩梢和叶片背面刺吸汁液为害，严重时枝、茎、叶上布满白色蜡质，植株生长不良，造成枯枝、落叶，树势衰退；常产卵于当年生枝条和叶背主脉内，影响枝条和叶片生长，重者产卵部以上枯死，削弱树势，严重影响果实的产量与品质。同时其排泄物可诱发煤污病，影响植株正常生长。

柿广翅蜡蝉成虫为害猕猴桃枝条

透明疏广蜡蝉若虫为害猕猴桃枝条

透明疏广蜡蝉若虫为害猕猴桃叶片

**形态特征** 广翅蜡蝉的若虫体型小，满身密布着絮状的蜡质，在腹部的末端有向上翘的放射状蜡丝，远看就像孔雀开屏，极易识别。

（1）**八点广翅蜡蝉**（别名八点蜡蝉、八点光蝉、橘八点光蝉等）

成虫：体长11.5 ~ 13.5毫米，翅展23.5 ~ 26毫米，体黑褐色，疏被白蜡粉。触角刚毛状，短小。单眼2个，红色。翅革质，密布纵横脉呈网状，前翅宽大，略呈三角形，翅面被稀薄白色蜡粉，翅上有6 ~ 7个白色

透明斑；后翅半透明，翅脉黑色，中室端有一白色透明斑。

卵：长卵形，长1.2毫米，卵顶具一圆形小突起，初乳白色，渐变为淡黄色。

若虫：体长5 ~ 6毫米、宽3.5 ~ 4毫米，体略呈钝菱形，暗黄褐色，疏被白色蜡粉，腹部末端有4束白色棉毛状蜡丝，呈扇状伸出，中间1对长约7毫米，两侧长6毫米左右，平时腹端上弯，蜡丝覆于体背以保护身体，常可作孔雀开屏状，向上直立或伸向后方。

八点广翅蜡蝉成虫

（2）**柿广翅蜡蝉**（别名白痣广翅蜡蝉）

成虫：体长7 ~ 10毫米，翅展22 ~ 36毫米。体褐色至黑褐色，腹面深褐色；腹部基部黄褐色，其余各节深褐色，尾器黑色，头、胸及前翅表面多绿色蜡粉。前翅前缘外缘深褐色，向中域和后缘色渐变淡；前缘外方1/3处有一黄白色三角形斑。后翅为暗褐色，半透明，脉纹黑色，脉纹边缘有灰白色蜡粉。

卵：长卵形，长0.8 ~ 1.2毫米，乳白色。

若虫：共5龄。黄褐色，体长3 ~ 6毫米，体被白色蜡粉，腹部末端有10条白色棉毛状蜡丝，呈扇状伸出。平时腹端上弯，白色棉毛状蜡丝覆于体背以保护身体，常可作孔雀开屏状，向上直立或伸向后方。一至四龄若虫为白色，五龄若虫中胸背板及腹背面为灰黑色，头、胸、腹、足均为白色，复眼灰色，中胸背板有3个白斑，其中2个近圆形，斑点中有一个小黑点，另一个近似三角形，呈倒“品”字形排列。

柿广翅蜡蝉成虫

柿广翅蜡蝉若虫体尾扇状蜡丝

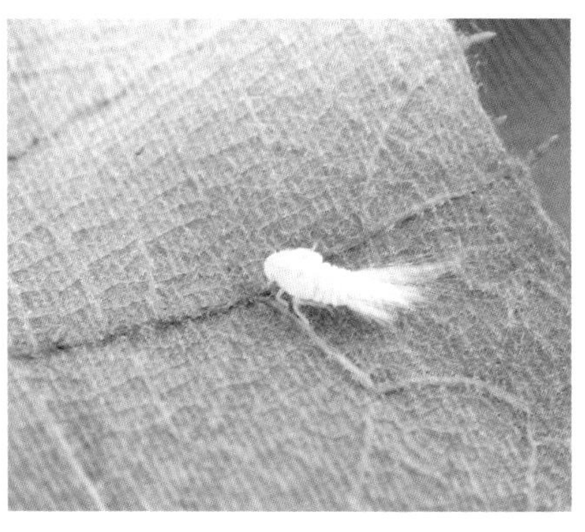

柿广翅蜡蝉若虫

（3）**透明疏广蜡蝉**（异名透明广翅蜡蝉）

成虫：体长约6毫米，翅展通常超过20毫米。身体黄褐色与栗褐色相间；前翅无色透明，略带黄褐色，翅脉褐色，前缘有较宽的褐色带；前缘近中部有一黄褐色斑。后翅无色透明，翅脉褐色，边缘有褐色细线。

若虫：体扁平，腹部末端有许多白色蜡丝，常作扇状开张。

透明疏广蜡蝉若虫

透明疏广蜡蝉成虫

**发生特点**

| 发生特点 | |
|---|---|
| 发生代数 | 八点广翅蜡蝉：1年发生1代<br>柿广翅蜡蝉：1年发生两代<br>透明疏广蜡蝉：1年发生1代 |
| 越冬方式 | 以卵在当年生枝条内越冬 |

（续）

| | |
|---|---|
| 发生规律 | 八点广翅蜡蝉：若虫5月中下旬至6月上中旬孵化，四龄后散害于枝梢叶果间，若虫期40～50天。7月上旬成虫羽化，寿命50～70天，为害至10月。成虫产卵期30～40天，卵产于当年生嫩枝木质部内越冬<br>柿广翅蜡蝉：越冬卵一般4月上旬开始孵化，4月下旬为盛孵期，若虫盛发期为4月中旬至6月上旬。成虫发生期为6月下旬至8月上旬，7月上旬前后为羽化盛期。第1代产卵高峰期为7月中旬至8月中旬，若虫高峰期为7月下旬到8月上旬，第2代若虫盛发期为8～9月，成虫发生期为9～10月，第2代产卵期为9月上旬至10月下旬，以卵在枝条皮下越冬<br>透明疏广蜡蝉：田间若虫为害期在7月上旬到8月上旬 |
| 生活习性 | 初孵若虫转移到叶背，四龄前集中在叶背为害，五龄后稍分散到嫩枝及叶片上为害，还可跳跃到周围其他寄主上。若虫性活泼，受惊后横行斜走，蜡丝作孔雀开屏状，惊慌时则跳跃逃逸，且晴朗温暖天气活动活跃。成虫能飞翔，善跳跃。单雌虫平均产卵68粒。卵产于叶片背面的主脉、叶柄或枝梢上，雌虫用产卵器在植株表皮上划长条状产卵痕，产卵其中，覆以棉絮状白色蜡质。卵粒排列成两行，少有单行排列 |

**防治适期** 若虫一至二龄期。

**防治措施**

（1）**清园** 结合冬季修剪，剪除有卵块的枝条，清除杂草和猕猴桃园四周的杂灌，集中处理，减少虫源。

（2）**加强管理** 在猕猴桃园日常管理中，及时调查，一旦发现广翅蜡蝉局部为害，可以及时剪除为害的枝条，带至园外处理即可。

（3）**药剂防治** 蜡蝉若虫期孵化比较整齐，二龄前若虫不善跳跃，若虫一至二龄期是防治的关键时期，要及时喷药防治。可选用50%啶虫脒水分散粒剂3 000倍液，或10%吡虫啉可湿性粉剂2 000倍液，或90%敌百虫原药1 000倍液，或5%氟氯氰菊酯乳油2 000倍液等进行喷雾防治。由于虫体特别是若虫被有蜡粉，因此混用含油量0.3%～0.4%的柴油乳剂或黏土柴油乳剂，可提高防效。

## 介壳虫

**分类地位** 为害猕猴桃的介壳虫主要有草履蚧（*Drosicha corpulenta*）和桑白蚧（*Pseudaulacaspis pentagona*）（又名桑盾蚧）。草履蚧为同翅目绵蚧科草履蚧属害虫，桑白蚧为同翅目盾蚧科拟白轮盾蚧属害虫。

**为害特点** 介壳虫在叶片、枝蔓和果实上吸食汁液为生，使植株生长不良，严重时导致叶片发黄、枝梢枯萎、树势衰退或全株枯萎死亡，且易诱发猕猴桃煤污病。

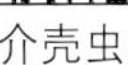

介壳虫

草履蚧为害猕猴桃枝干

草履蚧为害猕猴桃嫩梢

桑白蚧为害猕猴桃枝干

**形态特征** 扁平的卵形躯体，具有蜡腺，能分泌蜡质介壳。介壳形状因种而异，常见的有圆形、椭圆形、线形或牡蛎形。雌虫无翅，足和触角常退化。若虫孵化后可移动觅食，稍长则脚退化，终生寄居在枝、叶或果实上为害。雄虫能飞，有1对膜质前翅，后翅特化为平衡棒，足和触角发达，口器刺吸式。体外被有蜡质介壳。卵通常埋在蜡丝块中、雌体下或雌虫分泌的介壳下。

（1）草履蚧

成虫：雌雄异型。雌虫体长7.8 ～ 10.0毫米、宽4.0 ～ 5.5毫米。扁平椭圆形，似草鞋。体褐色或红褐色，背面棕褐色，腹面黄褐色，周缘淡黄色，体背常隆起，肥大，腹部具横皱褶凹陷。体被稀疏微毛和一层霜状蜡粉。触角8节，节上多粗刚毛。足黑色，粗大。雄虫体长5.0 ～ 6.5毫米，翅展约10毫米，复眼较突出，翅淡黑色，触角黑色丝状10节，除1 ～ 2节外，各节均环生3圈细长毛，腹末具枝刺17根。

草履蚧成虫
A.雌成虫 B.雄成虫

卵：椭圆形，初产黄白色，渐呈黄红色，产于卵囊内，卵囊为白色绵状物，其中含卵近百粒。

若虫：除体型较雌成虫小、色较深外，其余皆相似。

蛹：仅雄虫有蛹，圆筒状，褐色，长约5.0毫米，外被白色绵状物。由白色薄层蜡茧包裹，有明显翅芽。

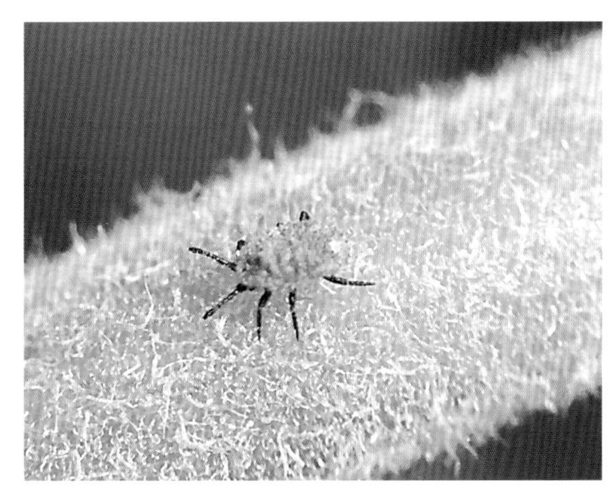

草履蚧若虫

（2）桑白蚧

成虫：雌雄异型。雌虫体长0.8 ~ 1.3毫米、宽0.7 ~ 1.1毫米。淡黄色至橘红色，臀板区红色或红褐色。介壳近圆形，直径2.0 ~ 2.5毫米，灰白色至黄褐色，蜕皮壳橘黄色，位于介壳近中部，背面有螺旋形纹，中间略隆起，壳点黄褐色，偏向一方。雄虫有翅，体长0.6 ~ 0.7毫米，翅展约1.8毫米。只有1对前翅，呈卵圆形，灰白色，被细毛。后翅退化成平衡棒，身体橙黄色至橘红色。触角念珠状，各节生环毛。介壳细长，长

1.2 ～ 1.5毫米，白色，背面有3条纵脊，点黄褐色，位于前端。

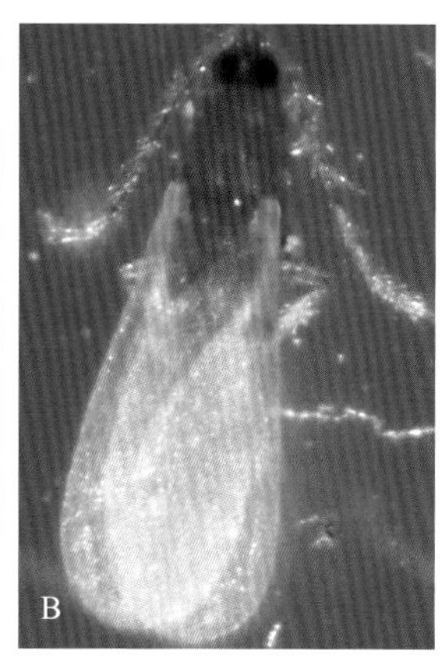


桑白蚧成虫
A.雌成虫　B.雄成虫

卵：椭圆形，长约0.25毫米，宽约0.12毫米，初产浅红色，渐变浅黄褐色，孵化前为橘红色。

若虫：初孵扁椭圆形，浅黄褐色，眼、足、触角正常，蜕皮进入二龄时眼、足、触角及腹末尾毛均退化。

蛹：仅雄虫有蛹，橙黄色裸蛹，长0.6 ～ 0.7毫米。

**温馨提示**

雌成虫和若虫常因被有蜡质介壳而使药剂难以渗入，触杀性杀虫剂防治效果不明显，而用内吸性杀虫剂较好。

## 发生特点

| | |
|---|---|
| 发生代数 | 草履蚧：北方1年发生1代<br>桑白蚧：北方1年发生2代 |
| 越冬方式 | 草履蚧：大多以卵在卵囊中越冬，少数以一龄若虫越冬<br>桑白蚧：以受精雌成虫越冬 |
| 发生规律 | 草履蚧：翌年2月上旬至3月上旬孵化，孵化后的若虫仍停留在卵囊内，寄主萌动、树液流动时开始出囊上树为害。在陕西若虫上树盛期为3月中旬，3月下旬基本结束。雄若虫蜕皮3次化蛹，蛹期约10 天；雌若虫则羽化为成虫，5月上中旬为羽化期，5月中旬为交尾盛期，5月中下旬雌虫开始下树入土分泌卵囊，在其中产卵 |

（续）

| | |
|---|---|
| 发生规律 | 桑白蚧：翌年树液流动后开始为害，4月下旬开始产卵，4月底至5月初为产卵盛期，初孵若虫分散爬行到2～5年生枝蔓上取食，7～10天后便固定在枝蔓上，分泌棉毛状蜡丝，逐渐形成介壳。5月上旬为产卵末期，卵期10天左右。5月上旬开始孵化，5月中旬为孵化盛期，5月下旬为孵化末期，6月中旬开始羽化，6月下旬为盛期。第2代7月下旬为产卵盛期，7月底为卵孵化盛期，8月末为羽化盛期。交尾后雄虫死亡，雌虫继续为害至秋后开始越冬 |
| 生活习性 | 草履蚧：若虫上树多集中于10:00～14:00，顺树干向阳面爬至嫩枝、幼芽等处吸食为害，初龄若虫行动迟缓，喜群集树杈、树洞及皮缝等隐蔽处<br>桑白蚧：喜食植株汁液，主要寄生于猕猴桃树干和枝条，单雌产卵量约135粒 |

**防治适期** 1月底草履蚧若虫上树前，早春萌芽前，介壳形成期即成虫期。

**防治措施**

（1）**加强检疫** 加强苗木和接穗的检疫，杜绝带虫劣质苗木、接穗远距离传播扩散。

（2）**清除虫源** 结合秋冬季翻树盘、施基肥等管理措施，挖除土缝中、杂草下及地堰等处的卵块并深埋。结合冬剪，先刮掉老翘树皮，剪掉害虫聚集的枝蔓，带至园外集中沤肥或深埋，再用生石灰、盐、水、植物油和石硫合剂按1∶0.1∶10∶0.1∶0.1的比例配成涂白剂，对主干和粗枝进行涂白。4月中旬树下挖坑，内置树叶，引诱雌成虫入坑产卵后加以消灭。果树休眠期用硬毛刷或细钢丝刷，刷掉枝上的虫体，在冬剪时，剪除虫体较多的辅养枝。

（3）**阻止上树** 1月底草履蚧若虫上树前，在树干离地50厘米处，先刮去1圈老粗皮，再绑高度大于10厘米的涂抹上药膏的塑料胶带或涂抹含菊酯类药剂的黄油，阻止若虫上树。此期应及时检查，保持胶的黏度，如发现黏度不够，添补新虫胶，对未死若虫可人工捕杀。

（4）**生物防治** 介壳虫有许多天敌，如桑盾蚧的天敌红点唇瓢虫。可采用引种、人工繁殖释放的措施，增加天敌数量，控制介壳虫为害。

（5）**药剂防治** 早春萌芽前喷布3～5波美度石硫合剂或45%结晶石硫合剂20～30倍液，或柴油乳剂50倍液。春季进行监测，若虫孵化期及时喷药防治。卵孵化盛期，可用5%氟氯氰菊酯乳油2 000倍液等喷雾防治。介壳形成初期，可用25%噻嗪酮可湿性粉剂1 000～2 000倍液，或

5%吡虫啉乳油2 000倍液，或95%机油乳剂200倍液喷雾，防效显著。介壳形成期即成虫期，可用松脂合剂20倍液，或40%松脂酸钠可溶粉剂80倍液，或95%机油乳剂60 ~ 80倍液，溶解介壳杀死成虫。

## 隆背花薪甲

**分类地位** 隆背花薪甲（*Cortinicara gibbosa*）属鞘翅目薪甲科花薪甲属害虫。俗称小薪甲。

**为害特点** 隆背花薪甲主要为害美味猕猴桃幼果期果实，单个果不为害，只在两个相邻果挤在一块时为害，取食果面皮层和果肉，取食深度一般可达果面下2 ~ 3毫米，并形成浅的针眼状虫孔，这些虫孔常常连片，并滋生霉层，受害部位果面皮层细胞逐渐木栓化，呈片状隆起结痂，受害后小孔表面下果肉坚硬，味道差，丧失商品价值。受害果采前变软脱落或储藏期提前软化。

隆背花薪甲为害猕猴桃果实

**形态特征**

成虫：体长1.0 ~ 1.5毫米、宽0.5 ~ 0.6毫米。倒卵圆形，体色棕黄色至棕褐色。头宽略小于前胸背板，被刻点。触角11节，颜色稍浅于体色，触角基部2节较粗，第1节端部膨大。前胸背板近方形，中胸小盾片较小，近方形。鞘翅被细小刻点，纵向排列成16列，每刻点均有1根卧毛；后翅膜质。足细长，颜色稍浅于体色。腹部可见背板8节，被毛及刻点。一般雌虫腹板可见5节，雄虫腹板可见6节。

卵：微小，长椭圆形，乳白色，半透明。

幼虫：3对足，乳白色。头部暗棕色。足棕色，颜色稍浅于头部。腹节可见9节，体被稀疏的刚毛。

蛹：乳白色，离蛹，无包被。

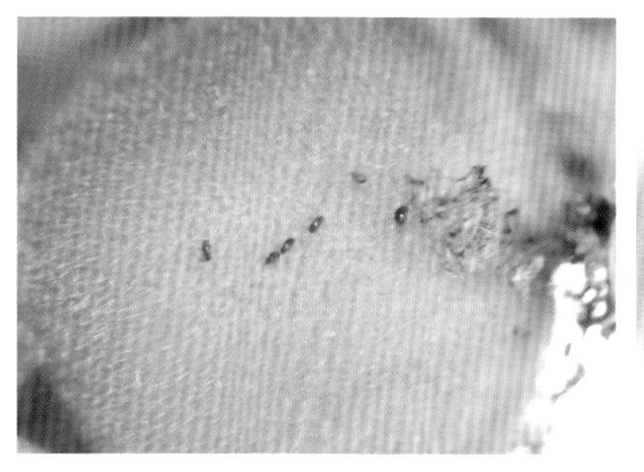

隆背花薪甲成虫为害果实

隆背花薪甲成虫（放大）

## 发生特点

| | |
|---|---|
| 发生代数 | 隆背花薪甲在陕西1年发生2代 |
| 越冬方式 | 以卵在主蔓裂缝、翘皮缝、落叶或杂草中潜伏越冬 |
| 发生规律 | 翌年5月中旬猕猴桃开花时，第1代成虫孵化出现，当气温上升至25℃以上时孵化最快，出来后先在蔬菜、杂草上为害。5月下旬至6月上旬主要为害猕猴桃，在相邻两果之间取食。到6月下旬为害减轻，7月中旬出现第2代成虫，对猕猴桃为害较轻。10月下旬成虫陆续越冬 |
| 生活习性 | 活动隐蔽性强，气温升高后成虫最活跃。高温干旱，繁殖快数量多，发生严重 |

**防治适期** 幼果受害期。

## 防治措施

（1）**加强管理** 冬季彻底清园，刮除翘皮集中处理。合理负载，疏除畸形果，尽量选留单果，避免选留相邻的两个或多个果实。

（2）**套袋** 套袋可以隔开相邻的果实，避免隆背花薪甲为害。

（3）**药剂防治** 5月中旬猕猴桃花后幼果受害期，及时选择高效、低毒、低残留农药在傍晚或阴天进行防治。可选用2.5%三氟氯氰菊酯乳油1 500 ~ 2 000倍液，或2.5%溴氰菊酯乳油1 500 ~ 2 000倍液，或1.8%阿维菌素乳油2 500 ~ 3 000倍液，每隔10 ~ 15天喷1次，连喷2次。

**温馨提示**

喷药时要均匀周到，特别要注意猕猴桃相邻两果（甚至三四个果）之间一定要喷到。

## 猕猴桃准透翅蛾

**分类地位** 猕猴桃准透翅蛾（*Paranthrene actinidiae*）属鳞翅目透翅蛾科准透翅蛾亚科准透翅蛾属，主要为害中华猕猴桃和毛花猕猴桃，但毛花猕猴桃受害相对较轻。

**为害特点** 初孵幼虫蛀入后，嫩芽坏死，枝梢枯萎，随后自蛀口爬出，沿枝梢向下再蛀入为害。三至四龄幼虫直接侵蛀粗的枝蔓或主干。蛀入孔有白色胶状树液外流。幼虫蛀入后先在木质部和韧皮部绕枝干蛀成环形蛀道，蛀口附近增生瘤状虫瘿，外皮裂开。幼虫在枝干中纵向将木质部和髓心蛀食殆尽，仅存树皮，造成枯枝或风折，甚至整株枯死。

猕猴桃准透翅蛾

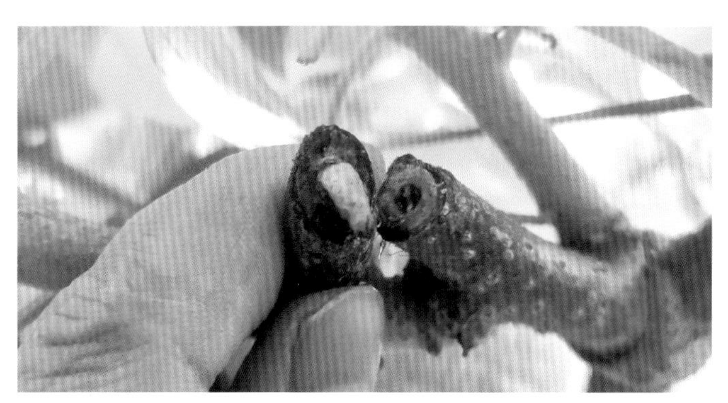
猕猴桃准透翅蛾幼虫为害猕猴桃枝条

**形态特征**

成虫：较大，形似胡蜂。雄蛾前翅透明，烟黄色；雌蛾前翅不透明，黄褐色。后翅均透明，略带淡烟黄色。

卵：初产浅褐色，椭圆形，中部微凹，密布不规则多边形小刻纹。孵化时棕褐色，不透明。

幼虫：初孵时黄白色，体长2.8 ~ 3.0毫米，老熟时灰褐色，体长21.6 ~ 30.6毫米，体表仅有稀疏黄褐色原生刚毛。

蛹：纺锤形，黄褐色，体长24 ~ 29毫米。

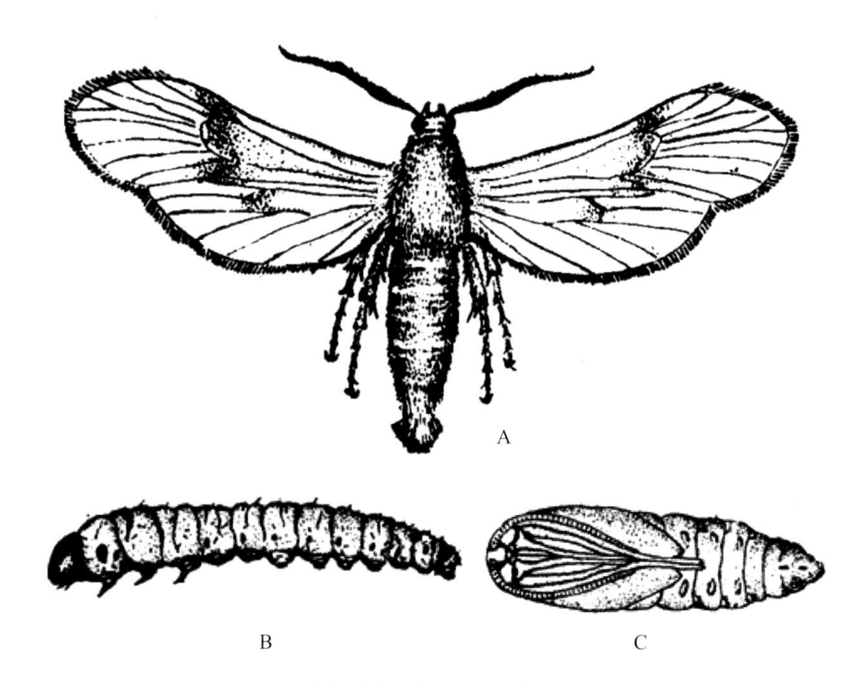


猕猴桃准透翅蛾形态特征
A.成虫 B.幼虫 C.蛹

## 发生特点

| | |
|---|---|
| 发生代数 | 猕猴桃准透翅蛾1年发生1代 |
| 越冬方式 | 以三至四龄幼虫在枝蔓蛀道中越冬 |
| 发生规律 | 越冬幼虫出蛰后转枝为害，一般出蛰转枝迁移1次。转枝为害盛期在3 月上中旬的萌芽期。4 ~ 5月在圆形羽化孔化蛹，6 ~ 7月羽化为成虫。8月下旬至9月上旬为羽化盛期。北方蛹期约30天，南京蛹期仅5 ~ 6天。5月下旬至7月上旬幼虫为害当年生嫩蔓，7月中旬至9月下旬为害二年生以上老蔓，10月中旬起至冬眠以前，幼虫进入老熟阶段，进入越冬期 |
| 生活习性 | 成虫多在夜间羽化，有趋光性，喜在白天飞翔，夜间静息，尤其晴天中午常在花丛间活动，取食花蜜<br>蛀入枝蔓后有白色胶状树液自蛀口流出，翌月可见蛀口有褐色虫粪及碎屑堆积在细枝上。幼虫直接侵入髓部并向上凿蛀，导致蛀口上部枝蔓枯死，继而转向下段活枝蔓侵蛀。三至四龄幼虫直接侵蛀粗壮枝干，在蛀口处附近形成瘤状虫瘿。树龄5年生以上受害严重，离地30厘米处主干围径超15 厘米的植株被害株率可达100% |

**防治适期** 幼虫出蛰转枝前，春季猕猴桃萌芽前的伤流期。

**防治措施**

（1）**适时修剪** 结合冬季清园修剪，剪除虫枝，压低越冬虫源基数。夏季发现嫩梢被害及时剪除，杀灭低龄幼虫，减少后期转枝为害。

（2）**药剂防治** 幼虫出蛰转枝前，春季猕猴桃萌芽前的伤流期是最佳防治期。可选用90%敌百虫原药1 000倍液，或80%敌敌畏乳油1 000倍液，或1.8%阿维菌素乳油2 500 ~ 3 000倍液，或2.5%溴氰菊酯乳油2 000倍液等药剂。根据蛀孔外堆有粪屑的特点寻找蛀孔，用注射器将80%敌敌畏乳油50倍液注入蛀孔，用泥封闭熏杀幼虫。

## 叶螨

**分类地位** 为害猕猴桃的叶螨主要有山楂叶螨（*Tetranychus viennensis*）和二斑叶螨（*T. urticae*）等，均属蛛形纲蜱螨目叶螨科。

**为害特点** 叶螨以刺吸式口器吸食猕猴桃嫩芽、嫩梢和叶片的汁液，被害部位出现黄白色至灰白色失绿小斑点，严重时连片焦枯脱落。

猕猴桃叶片出现失绿斑点

猕猴桃叶片焦枯

**形态特征**

（1）**山楂叶螨**

成螨：雌成螨卵圆形，体长0.54 ~ 0.59毫米，冬型鲜红色，夏型暗红色。雄成螨纺锤形，体长0.35 ~ 0.45毫米，第一对足较长，体浅黄绿色至浅橘黄色，体

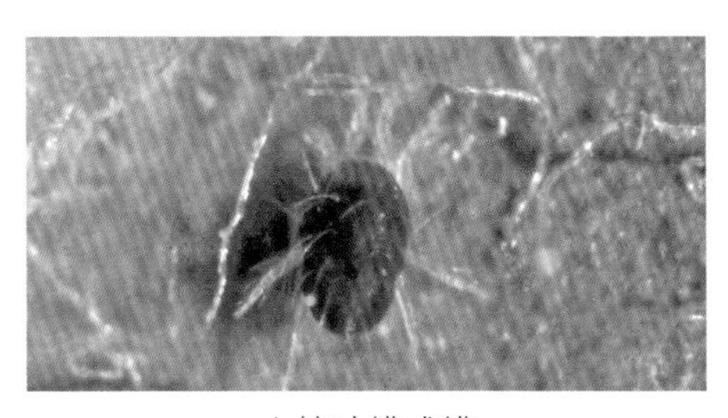

山楂叶螨成螨

背两侧各具1个黑绿色斑。

卵：圆球形，春季产卵呈橙黄色，夏季产卵呈黄白色。

幼螨：初孵幼螨体圆形、黄白色，取食后为淡绿色，3对足。

若螨：4对足。前期若螨体背开始出现刚毛，两侧有明显墨绿色斑，后期若螨体较大，体形似成螨。

（2）二斑叶螨

成螨：雌成螨椭圆形，体长0.42 ~ 0.59毫米，体背有刚毛26根，排成6横排。体色多变，生长季节为白色、黄白色，体背两侧各具1块黑色长斑。雄成螨体长0.26毫米，近卵圆形，前端近圆形，腹末较尖，多呈绿色。

二斑叶螨成螨

卵：球形，长0.13毫米，光滑，初产为乳白色，渐变橙黄色，即将孵化时现出红色眼点。

幼螨：初孵时近圆形，体长0.15毫米，白色，取食后变暗绿色，眼红色，足3对。

若螨：前若螨体长0.21毫米，近卵圆形，足4对，色变深，体背出现色斑。后若螨体长0.36毫米，与成螨相似。

## 发生特点

| | |
|---|---|
| 发生代数 | 山楂叶螨：1年发生6 ~ 10代<br>二斑叶螨：1年发生7 ~ 9代 |
| 越冬方式 | 山楂叶螨：以受精雌成螨在枝干翘皮和裂缝处、果树根颈周围土缝、落叶及杂草根部越冬<br>二斑叶螨：以受精雌成螨在枝干裂缝处、果树根颈部及落叶、覆草下越冬 |
| 发生规律 | 山楂叶螨：猕猴桃花芽开放时越冬螨大量上树为害，先集中于树冠内膛局部为害，5 ~ 6月向树冠外围转移，7 ~ 8月是全年为害高峰期，9月下旬开始出现大量越冬雌螨，10月下旬开始越冬<br>二斑叶螨：2月越冬雌螨开始活动，3月开始产卵繁殖。6月下旬至8月下旬种群增长快，为害最重。进入雨季虫口密度迅速下降，为害基本结束，如后期仍干旱可再度猖獗为害，至9月气温下降陆续向杂草上转移，10月陆续越冬 |

（续）

| | |
|---|---|
| 生活习性 | 山楂叶螨：生性不活泼，常群集于叶背为害，有吐丝拉网的习性<br>二斑叶螨：喜欢在叶片背面取食活动，爬行迅速，有明显的趋嫩性和结网习性，并有吐丝下垂借风力扩散传播的习性 |

**防治适期** 越冬雌螨出蛰盛期和第1代若螨发生期。

**防治措施**

（1）**冬季清园，春季中耕** 冬季清除杂草及病虫枝，刮除树干上的翘皮、粗皮，带至园外集中处理，消灭越冬虫源。春季及时中耕除草，特别要清除阔叶杂草，及时剪除树根上的萌蘖，消灭叶螨。

（2）**保护和利用天敌** 叶螨的天敌有异色瓢虫（*Harmonia axyridis*）、深点食螨瓢虫（*Stethorus punctillum*）、束管食螨瓢虫（*Stethorus chengi*）、小黑花蝽（*Orius minutus*）、塔六点蓟马（*Scolothrips takahashii*）、中华草蛉（*Chrysoperla sinsca*）、东方钝绥螨（*Amblyseius orientalis*）、西方盲走螨（*Typhlodromus occidentalis*）、胡瓜钝绥螨（*Amblyseius cucumeris*）等。果园种草，为天敌提供补充食料和栖息场所，或帮助迁移、释放捕食性天敌等，以虫治虫。局部使用高效低毒农药，保护天敌。

（3）**药剂防治**

①杀灭越冬螨。秋季绑草圈，春季刮除老翘树皮并集中处理（山楂叶螨、二斑叶螨），喷3～5波美度石硫合剂；果树发芽前喷5%柴油乳剂杀灭越冬卵（苹果全爪螨、果台螨）。

②关键时期喷药防治。越冬雌螨出蛰盛期和第1代若螨发生期，喷施2%阿维菌素乳油2 000～3 000倍液，或10%浏阳霉素乳油1 500～2 000倍液，或50%硫黄悬浮剂200～400倍液，或5%噻螨酮乳油2 000倍液，或73%克螨特乳油3 000～4 000倍液，或20%甲氰菊酯乳油3 000倍液，或15%哒螨灵乳油2 000～3 000倍液等药剂。

## 斜纹夜蛾

斜纹夜蛾是一种杂食性和暴食性害虫，可为害十字花科蔬菜、瓜类、茄子、豆类、葱、韭菜、菠菜以及粮食、经济作物等近100科300多种植物。

**分类地位** 斜纹夜蛾（*Spodoptera litura*）属鳞翅目夜蛾科斜纹夜蛾属。

**为害特点** 以幼虫咬食叶片为害，初龄幼虫啮食叶片下表皮及叶肉，仅留上表皮呈透明斑；四龄以后进入暴食期，咬食叶片，仅留主脉。

斜纹夜蛾为害猕猴桃叶片

**形态特征**

成虫：体长14 ~ 20毫米，翅展33 ~ 45毫米，体暗褐色，胸部背面有白色丛毛。前翅灰褐色，花纹多，内横线和外横线灰白色，呈波浪形，中间有明显的白色斜阔带纹，故称斜纹夜蛾。在环状纹与肾状纹间有3条白色斜纹，肾状纹前部呈白色，后部呈黑色。后翅白色，无斑纹。

斜纹夜蛾成虫

卵：呈扁平的半球状，直径0.4 ~ 0.5毫米，初产黄白色，后变为暗灰色，孵化前为紫黑色。卵粒集结成3 ~ 4层卵块黏合在一起，上覆黄褐色绒毛。

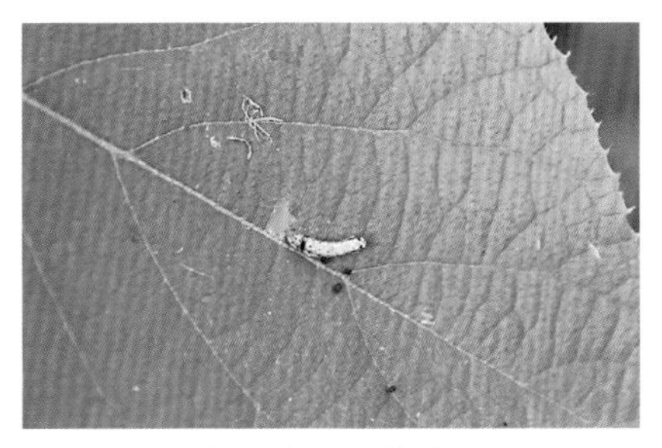

斜纹夜蛾低龄幼虫

幼虫：共6龄。体长33 ~ 50毫米，头部黑褐色，胸部颜色多变，从土黄色到黑绿色都有，体表散生小白点，从中胸至第9腹节亚背线内侧各有1对近似三角形的半月形黑斑。

蛹：体长15 ~ 20毫米，圆筒形，红褐色。尾部有1对强大而弯曲的刺。

斜纹夜蛾老熟幼虫

斜纹夜蛾蛹

**发生特点**

| | |
|---|---|
| 发生代数 | 东北、华北地区1年发生4 ~ 5代，华东、华中地区1年发生5 ~ 7代，华南地区1年发生7 ~ 9代 |
| 越冬方式 | 以蛹在土中蛹室内越冬，少数以老熟幼虫在土缝、枯叶、杂草中越冬；南方冬季无休眠现象 |
| 发生规律 | 长江以北地区大都不能越冬，第2代、第3代、第4代幼虫分别发生在6月、7月、8月下旬，7 ~ 9月为害严重，幼虫四龄后食量猛增进入暴食期，猖獗时可吃尽大面积寄主植物叶片，并迁徙至他处为害 |
| 生活习性 | 喜温，耐高温，不耐低温，成虫白天潜伏在叶背或土缝等阴暗处，夜间出来活动，有强烈的趋光性和趋化性，飞翔能力强；卵多以卵块产于叶片背面，每头雌蛾能产卵3 ~ 5块，每块有卵100 ~ 200粒，卵经5 ~ 6天孵出幼虫，初孵时聚集于叶背；幼虫有假死性，四龄以后和成虫一样，白天躲在叶下土表处或土缝里，傍晚后爬到植株上取食叶片 |

**防治适期** 一至二龄幼虫为害期。

**防治措施**

（1）**消灭越冬虫源** 冬季清除田间杂草，结合施基肥翻耕晒土或灌水，以破坏或恶化其化蛹场所，减少虫源。

（2）**人工捕杀** 产卵盛期勤检查，一旦发现卵块、群集为害的初孵幼

虫和新筛网状被害叶，立即摘除并销毁，以减少虫源。

（3）**诱杀成虫** 悬挂频振式杀虫灯诱杀成虫；用糖醋液诱杀成虫，可将糖6份、醋3份、白酒1份、水10份、90%敌百虫原药1份，调匀后装在离地0.6 ~ 1米的盆或罐中，置于田间诱杀成虫；在田间悬挂斜纹夜蛾性诱剂，诱杀雄虫。

（4）**药剂防治** 喷药防治要早发现，早喷药，应掌握在一至二龄幼虫为害期，喷药时间掌握在早晨和傍晚，喷药液量要足，植株基部和地面都要喷雾，且药剂要轮换使用。防治药剂可选用生物性杀虫剂，如苏云金杆菌制剂或25%灭幼脲悬浮剂500 ~ 1 000倍液，或200亿PIB/克斜纹夜蛾核型多角体病毒水分散粒剂10 000 ~ 15 000倍液等喷施；也可以选用高效低毒的化学药剂，如2.5%高效氯氟氰菊酯乳油2 000 ~ 3 000倍液，或2.5%溴氰菊酯乳油1 500 ~ 2 000倍液，或80%敌敌畏乳油1 500倍液等。

## 黄斑卷叶蛾

黄斑卷叶蛾主要为害猕猴桃、苹果、桃、杏、李、山楂等果树。

**分类地位** 黄斑卷叶蛾（*Acleris fimbriana*）属鳞翅目卷蛾科，又名黄斑长翅卷蛾。

**为害特点** 幼虫吐丝将数片叶子连接在一起，或将叶片沿主脉间正面纵折，藏于其间取食为害，常造成大量落叶，影响当年果实质量和来年花芽的形成。

**形态特征**

成虫：体长7 ~ 9毫米，翅展17 ~ 21毫米。分为夏型和冬型。夏型成虫的头、胸部和前翅金黄色；翅面分散有银白色突起的鳞片丛，后翅灰白色；缘毛黄白色；复眼红色。冬型成虫的头、胸部和前翅暗褐色，散生有黑色或褐色鳞片，后翅灰褐色，复眼黑色。

黄斑卷叶蛾成虫（夏型）

卵：扁椭圆形，长径约0.8毫米，短径约0.6毫米，淡黄白色，半透明，近孵化时表面有一红圈。

幼虫：老熟幼虫体长约22毫米，体黄绿色，头黄褐色。

蛹：黑褐色，长9 ~ 11毫米，头顶端有1个向后弯曲的角状突起，基部两侧各有2个瘤状突起。

**发生特点**

| | |
|---|---|
| 发生代数 | 黄斑卷叶蛾1年发生3 ~ 4代 |
| 越冬方式 | 以冬型成虫在杂草、落叶及向阳处的石块缝隙中越冬 |
| 发生规律 | 翌年3月上旬花芽萌动时出蛰活动，3月下旬至4月初为出蛰盛期。第1代发生期为6月上旬，第2代在7月下旬至8月上旬，第3代在8月下旬至9月上旬，第4代在10月中旬。第1代初孵幼虫为害花芽或芽的基部。展叶后，吐丝卷叶成簇或沿主脉向正面纵卷，在其中食害。一至二龄幼虫啃食叶肉，三龄后蚕食叶片只剩叶柄。末龄幼虫转移到新叶片结茧化蛹 |
| 生活习性 | 幼虫期25 ~ 26天，幼虫不活泼，有转叶为害的习性；成虫对光和糖醋液有趋性 |

**防治适期** 第1 ~ 2代卵孵化盛期。

**防治措施**

（1）**消灭越冬虫源** 冬季清理果园杂草、落叶，集中处理，消灭越冬成虫。

（2）**人工捕杀** 在幼虫为害初期及时进行人工捕杀。

（3）**药剂防治** 防治的关键期为第1 ~ 2代卵孵化盛期，即4月上中旬和6月中旬。可用2.5%三氟氯氰菊酯乳油1 500 ~ 2 000倍液或80%敌敌畏乳油1 500倍液喷雾防治。

## 苹小卷叶蛾

**分类地位** 苹小卷叶蛾（*Adoxophyes orana*）属鳞翅目卷蛾科。又名苹卷蛾、黄小卷叶蛾、溜皮虫。

**为害特点** 幼虫吐丝缀连叶片，潜居缀叶中食害，新叶受害严重。当果

实稍大时常将叶片缀连在果实上，幼虫啃食果皮及果肉，形成疤痕果、凹痕果等残次果。

**形态特征**

成虫：体长6 ~ 8毫米，黄褐色。前翅的前缘向后缘和外缘角有2条深褐色斜纹，其中一条自前缘向后缘达到翅中央部分时明显加宽。前翅后缘肩角处及前缘近顶角处各有1条小的褐色纹。

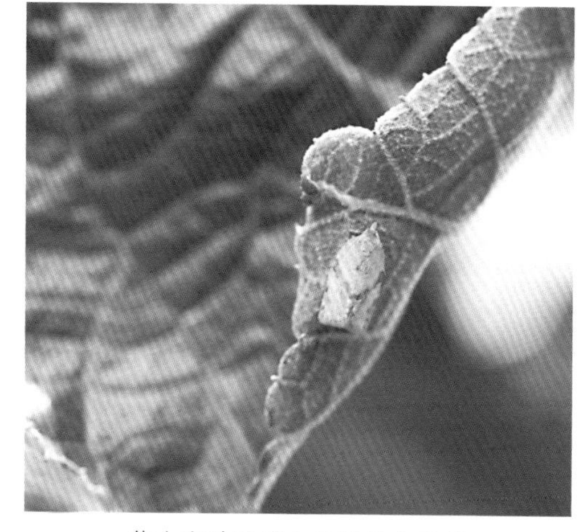

苹小卷叶蛾成虫及叶片为害状

卵：扁平椭圆形，淡黄色半透明，数十粒排成鱼鳞状卵块。

幼虫：细长，头较小呈淡黄色。低龄幼虫黄绿色，高龄幼虫翠绿色。

蛹：黄褐色，腹部背面每节有刺突两排，下面一排小而密，尾端有8根钩状刺毛。

**发生特点**

| | |
|---|---|
| 发生代数 | 陕西关中地区1年发生4代 |
| 越冬方式 | 以低龄幼虫在老翘树皮下、剪锯口周缘裂缝中结白色薄茧越冬 |
| 发生规律 | 翌年萌芽后出蛰，吐丝缠结幼芽、嫩叶和花蕾为害，长大后多卷叶为害，老熟幼虫在卷叶中结茧化蛹。3代发生区，6月中旬越冬代成虫羽化，7月下旬第1代羽化，9月上旬第2代羽化；4代发生区，越冬代成虫5月下旬羽化，第1代6月末至7月初羽化，第2代8月上旬羽化，第3代9月中旬羽化 |
| 生活习性 | 成虫昼伏夜出，有趋光性和趋化性，对果醋和糖醋都有较强的趋性；幼虫有转果为害习性，1头幼虫可转果为害6 ~ 8个果实 |

**防治适期** 第1代卵孵化盛期及低龄幼虫期。

**防治措施**

（1）**人工摘除虫苞** 从落花后越冬代幼虫开始卷叶为害时，及时检查，人工摘除虫苞。

（2）**诱杀成虫**　利用成虫的趋化性，用糖醋液诱杀成虫；利用成虫的趋光性，用黑光灯或频振式杀虫灯诱杀成虫；还可用性诱剂诱杀。

（3）**释放天敌**　出现越冬成虫后，开始释放松毛虫赤眼蜂，一般每隔6天放蜂1次，连续放4～5次，每公顷放蜂约150万头，卵块寄生率可达85%左右，可基本控制为害。

（4）**药剂防治**　在早春刮除枝干的老翘皮和剪锯口周缘的裂皮等后，用80%敌敌畏乳油300～500倍液涂刷剪锯口，杀死其中的越冬幼虫。第1代卵孵化盛期及低龄幼虫期喷药防治，可选用90%敌百虫原药1 000～2 000倍液或50%敌百虫可溶粉剂800～1 000倍液。注意不要在坐果前后使用，以免发生药害。也可选用苏云金杆菌制剂或25%灭幼脲悬浮剂1 000～1 500倍液等生物制剂防治。

## 五点木蛾

**分类地位**　五点木蛾（*Odites issiki*）属鳞翅目木蛾科。又名梅木蛾、樱桃木蛾，是猕猴桃生产上的重要害虫，具有多食性。

**为害特点**　初孵幼虫在叶上构筑“一”字形隧道，居中咬食叶片组织，二至三龄幼虫在叶缘卷边，食害两端叶肉，老熟后幼虫将叶边缘横切一段，吐丝纵卷成长约1厘米的虫苞，幼虫潜藏其中取食。

**温馨提示**

不同猕猴桃品种间受害有明显差别，秦美受害最重，秦翠次之，海沃德较轻。同一品种树冠中部叶片受害率和虫口数显著高于上部叶片及下部叶片。

**形态特征**

成虫：雌虫体长9～11毫米，翅展16～20毫米；雄虫体长7～8毫米，翅展14～16毫米。成虫前翅淡灰褐色，后翅灰白色。前翅中室中部各横列2个褐色圆形斑，与前胸背板上的1个褐色圆形斑共形成5个斑，故有五点木蛾之称。翅顶角至臀角沿外缘内侧排列有8～10个棕褐色斑点；中室至外缘间尚有大小不等的许多分散的棕褐色小点。雌虫触角丝状，光

裸无毛。雄虫纺锤形，多毛。

卵：椭圆形，极小，长约0.5毫米，宽约0.3毫米，淡黄色或黄色，卵面上有突起花纹。

幼虫：蠋型，一龄幼虫体长1.7 ~ 2.9毫米，头胸黑褐色，体黄色。老熟幼虫体长9.1 ~ 9.4毫米，头壳宽约1.4毫米，前胸背板黑褐色，中、后胸及腹部淡绿色，臀节背面色较深，胸足黑褐色。幼虫腹足趾钩为双序全环，臀足趾钩为双序缺环。

蛹：被蛹，棕红色，体长7.4 ~ 10.5毫米，体宽约2毫米，前顶具额突（供羽化时顶破茧用），尾端具成对的角突。

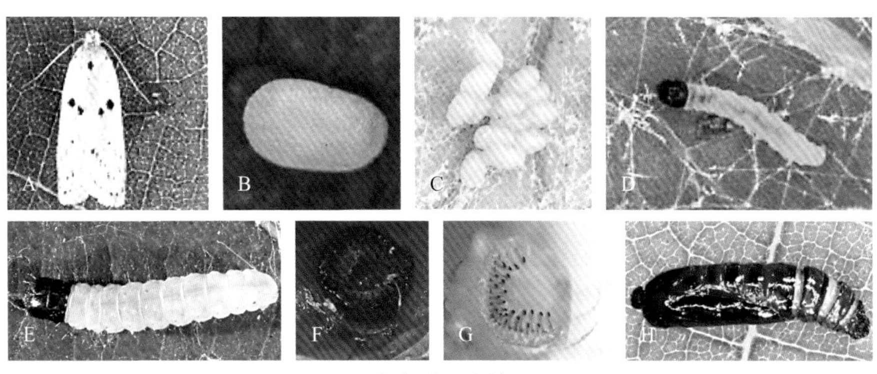


五点木蛾形态特征

A.成虫 B、C.卵 D、E、F、G.幼虫 H.蛹

（关天舒等，2016）

## 发生特点

| | |
|---|---|
| 发生代数 | 秦岭北麓1年发生3代 |
| 越冬方式 | 第3代初龄幼虫在寄主粗皮裂缝处结成小薄茧越冬 |
| 发生规律 | 翌年4月上旬越冬幼虫出蛰，爬至幼芽处食害新叶，4月下旬至5月中旬为幼虫为害盛期，吐丝将叶片卷成虫苞，潜藏其中取食，并在其中化蛹（5月中旬开始化蛹），虫苞两端的叶组织呈缺刻状<br>第1代幼虫为害盛期为6月中旬至7月中下旬；第2代幼虫为害盛期为7月下旬至9月中旬，各虫期发生不整齐，持续时间较长；第3代幼虫于10月下旬至10月底孵出，幼虫孵出即寻找越冬场所，做小薄茧开始越冬 |

（续）

| 生活习性 | 初孵幼虫具潜叶性，幼虫喜阴暗怕强光，多在夜间活动取食，白天多潜藏于虫苞中取食两端的叶组织，可转叶为害。幼虫老熟后，隐藏在筒状叶苞内化蛹。初蛹淡黄色，2 ~ 3天后变深褐色，蛹历期约为7.9天。雌成虫可随机将卵产在叶背面、嫩枝上，单产或形成卵块，幼虫孵出后即将卵壳吃掉 |
| --- | --- |

**防治适期** 产卵期和初龄幼虫期。

**防治措施**

（1）**清除越冬虫源** 冬季或早春刮除树皮、翘皮，消灭越冬幼虫，压低虫口基数。

（2）**诱杀** 利用黑光灯或高压汞灯、糖醋液、性诱剂诱捕成虫。

（3）**药物防治** 在产卵期和初龄幼虫期用药效果最好。越冬幼虫在剪锯口处越冬，因此在出蛰初期可用90%敌百虫原药200倍液或50%敌敌畏乳油200 ~ 500倍液涂抹剪锯口，消灭其中越冬幼虫，即封闭出蛰前的越冬幼虫。发芽期初龄幼虫出蛰转移为害时，喷洒2.5%三氟氯氰菊酯乳油1 500 ~ 2 000倍液，或2.5%溴氰菊酯乳油1 500 ~ 2 000倍液，或1.8%阿维菌素乳油2 500 ~ 3 000倍液防治。

## 葡萄天蛾

葡萄天蛾分布于辽宁、河北、山东、山西、江苏、河南、陕西、湖南、湖北、江西、广东、广西等地。寄主有葡萄、猕猴桃、爬山虎、地锦等园林植物。在猕猴桃上常见为害猕猴桃叶片等。

葡萄天蛾为害状

**分类地位** 葡萄天蛾（*Ampelophaga rubiginosa*）属鳞翅目天蛾科。又名葡萄车天蛾、轮纹天蛾、葡萄红线天蛾。

**为害特点** 葡萄天蛾主要以幼虫为害。幼虫取食猕猴桃叶片，初龄幼虫常将叶片食成缺刻与孔洞，稍

大后则食害叶片成光秃状，或仅留叶柄或部分粗叶脉，严重影响产量与树势。

## 形态特征

葡萄天蛾成虫

成虫：体长45 ~ 90毫米，翅展85 ~ 100毫米。体肥大呈纺锤形，体翅茶褐色。背面色暗，腹面色淡，近土黄色。体背中央自前胸到腹端有1条灰白色纵线。触角短粗栉齿状。复眼球形暗褐色，复眼后至前翅基部有1条灰白色纵带。前翅顶角突出，各横线均为暗茶褐色，中横线较粗而弯曲，内横线次之，外横线较细呈波浪纹状。顶角前缘有一暗色三角形斑，斑下角亚端线，亚端线波浪状较外线宽，近外缘有不明显的棕褐色带。后翅黑褐色，周缘棕褐色，外缘及后角附近各有茶褐色横带1条。缘毛色稍红。

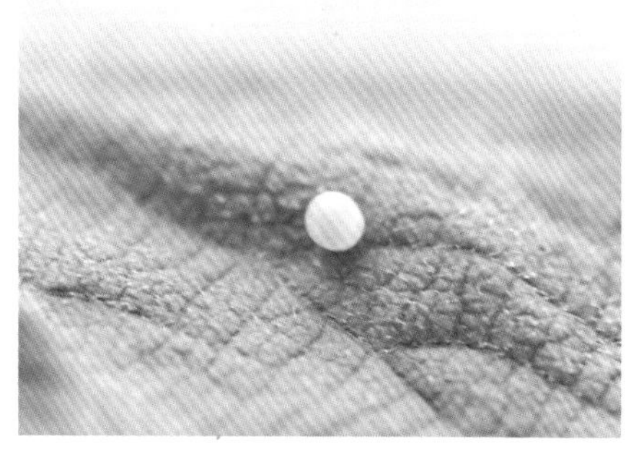

葡萄天蛾卵

卵：球形，直径约为1.5毫米，表面光滑。淡绿色，孵化前淡黄绿色。

葡萄天蛾幼虫

幼虫：老熟幼虫体长约80毫米，绿色，背面色较淡。体表布有横条纹和黄色颗粒状小点。头部有两对近于平行的黄白色纵线，分别位于蜕裂线两侧和触角之上，均达头顶。胸足红褐色，基部外侧黑色，端部外侧白色，基部上方各有一黄色斑点。前、中胸较细小，后胸和第1腹节较粗大。第8腹节背面中央具一锥状尾角。亚背线止于尾角两侧，第2腹节前黄白色，其后白色，前端与头部颊区纵线相接。中胸至第7腹节两侧各有1条由前下方斜向后上方伸的黄白色斜线，与亚背线相接，第1 ～ 7腹节背面前缘中央各有一深绿色点，其两侧各具一黄白色斜短线，位于各腹节前半部，呈“八”字形。气门9对，生于前胸和第1 ～ 8腹节，气门片红褐色。臀板边缘淡黄色。

蛹：长纺锤形，长45 ～ 55毫米。初灰绿色，后背面渐变为棕褐色，腹面暗绿色，足与翅芽上有黑色点线。头顶有一卵圆形黑斑，气门处有一黑褐色斑点。翅芽与后足等长，达第4腹节后缘。触角稍短于前足，第8腹节背面有1个尾角圆痕。气门椭圆形，黑褐色，可见7对，位于第2 ～ 8腹节两侧。臀刺较尖。

葡萄天蛾蛹

## 发生特点

| | |
|---|---|
| 发生代数 | 葡萄天蛾1年发生1 ～ 2代 |
| 越冬方式 | 以蛹在土深3 ～ 7厘米的土室内越冬 |
| 发生规律 | 翌年5月中下旬开始羽化，6月上中旬为羽化盛期。卵期6 ～ 8天。6月中下旬出现第1代幼虫，幼虫期40 ～ 50天。7月中旬幼虫陆续老熟入土化蛹，蛹期10余天。8月上旬可见第2代幼虫为害。9月下旬至10月上旬，幼虫入土化蛹越冬 |
| 生活习性 | 成虫昼伏夜出，有趋光性，羽化后多在傍晚交尾产卵，卵散产于叶面与嫩枝上，多散产于嫩梢或叶背，单雌产卵155 ～ 180粒。幼虫多于叶背主脉或叶柄上栖息，夜晚取食，白天静伏，栖息时以腹足抱持枝或叶柄，头胸部收缩稍扬起，后胸和第1腹节显著膨大。受触动时，头胸部左右摆动，口器分泌出绿水。幼虫活动迟缓，一枝叶片食光后再转移邻近枝 |

**防治适期** 幼虫孵化初期或低龄幼虫期。

## 防治措施

（1）**农业防治** 结合秋施基肥，挖除越冬蛹。或深翻园内土地，深埋越冬蛹。

（2）**人工捕杀** 幼虫发生期，结合田间管理，利用幼虫受惊易掉落的习性，将其震落捕杀，或根据地面和叶片的虫粪和碎叶片，人工捕杀园

内幼虫。或在成虫羽化期每天16：00 ～ 18：00捕捉刚羽化的成虫，防效甚好。

（3）**灯光诱杀** 成虫发生期设置黑光灯或频振式杀虫灯诱杀成虫。

（4）**药剂防治** 幼虫孵化初期或低龄幼虫期用药防治。可以选用20%除虫脲悬浮剂3 000 ～ 3 500倍液，或25%灭幼脲悬浮剂2 000 ～ 2 500倍液，或50%辛硫磷乳油1 000 ～ 1 500倍液，或2.5%三氟氯氰菊酯乳油2 000 ～ 3 000倍液，或2.5%溴氰菊酯乳油2 000 ～ 3 000倍液，或2.2%甲维盐乳油1 500倍液，或90%敌百虫原药1 000倍液等，也可使用16 000国际单位/毫克苏云金杆菌可湿性粉剂1 000 ～ 1 200倍液等进行喷雾防治。

## 柳蝙蝠蛾

柳蝙蝠蛾食性杂，可为害连翘、丁香、银杏、五味子、山楂、花椒、苹果、梨、桃、樱桃、葡萄、枇杷、猕猴桃、杏、柿、石榴、栎、柳、刺槐、桐、椿、白桦、枫杨、卫矛、丁香、鼠李、接骨木、啤酒花、线麻、玉米、茄子等多种植物。在猕猴桃种植区普遍发生，其中以长江流域为害最普遍，造成的损失严重。

**分类地位** 柳蝙蝠蛾（*Phassus excrescens*）属鳞翅目蝙蝠蛾科。又称疣纹蝙蝠蛾、东方蝙蝠蛾等，是一种大型钻蛀性蛾类害虫。

**为害特点** 柳蝙蝠蛾以幼虫在树干基部和主蔓基部皮层及木质部钻蛀孔道蛀食，蛀道口常呈凹陷环形，并排出大量粪便与木屑堆积口外，且由丝网粘满木屑，形成木屑包。严重影响上下营养物质的疏导，轻者削弱树势，重时造成地上部枝蔓干枯或遇风易折，严重的引起植株死亡。同时为害地下靠近根部的木质部表皮层造成伤口，引起根腐病，加重危害。

柳蝙蝠蛾为害猕猴桃主干

柳蝙蝠蛾为害猕猴桃枝干形成的木屑包

柳蝙蝠蛾为害猕猴桃枝条

## 形态特征

成虫：体长32 ~ 44毫米，翅展66 ~ 72毫米，体色变化较大，多为茶褐色，刚羽化时绿褐色，渐变粉褐色，后为茶褐色。触角短线状。复眼黑色鼓出。前翅前缘有7个半环形斑纹，中央有1个黄褐色稍带绿色的三角形大斑，外缘有并列的模糊的弧形斑组成的宽横带，直达后缘。后翅狭小，暗褐色，无明显斑纹，腹部长大。前足及中足发达，爪较长，借以攀缘物体。雄蛾后足腿节背面密生橙黄色刷状长毛，雌蛾则无。

卵：近圆形，长约0.5毫米，宽约0.4毫米，初产时乳白色，后变黑色，表面光滑微具光泽。

幼虫：老熟幼虫体长50 ~ 80毫米，头部褐色，体白色略带黄色，胸、腹部污白色，有光泽，圆筒形，各体节分布有硬化的黄褐色瘤状突似毛片。前胸盾片淡褐至黄褐色，气门黄褐色，围气门片暗黑色，胸足3对，腹足俱全。

柳蝙蝠蛾幼虫

蛹：雌蛹体长平均30毫米左右，雄蛹体长平均35毫米左右，圆

筒形，黄褐色，头顶深褐色，中央隆起，形成一条纵脊，两侧生有数根刚毛。触角上方中央有4个角状突起。腹部背面第3 ～ 7节有向后着生的倒刺2列，腹面第4 ～ 6节生有波纹状向后着生的倒刺1列，第7节有2列，但后列的中央间断，第8节有中央间断的倒刺，多呈突起状。雌蛹腹部较硬，生殖孔着生于腹部第8节和第9节中央，形成一条纵缝，雄蛹腹部较软，生殖孔着生于腹部第9节中央，两侧有一指状突起。

**发生特点**

| | |
|---|---|
| 发生代数 | 柳蝙蝠蛾大多1年发生1代 |
| 越冬方式 | 以卵在地面或以幼虫在枝干隧道内越冬 |
| 发生规律 | 翌年4月中旬至5月中旬卵孵化，初龄幼虫以腐殖质为食，二至三龄后转向主干或主蔓。8月上旬至9月下旬化蛹，化蛹前，虫包囊增大，颜色变成棕褐色，先咬一圆孔，并在虫道口用丝盖物堵在孔口。成虫于8月下旬出现，9月中旬为羽化盛期，10月中旬为末期。成虫寿命雄虫平均9.8天，雌虫平均18.2天。成虫羽化后即开始交尾产卵，单雌平均产卵2 738粒。以卵越冬，卵期较长，平均241天 |
| 生活习性 | 幼虫敏捷活泼，受惊扰便急忙后退或吐丝下垂，喜阴暗怕强光，多在19:00开始活动取食，白天身体多缩短潜藏于蛀孔内。幼虫蛀入蛀孔直到羽化出洞。由于体节生有倒刺，蛹在坑道中借腹部的蠕动，可上下自如活动。中午常见蠕动至坑道口的蛹体，受惊扰后便迅速退入坑道中。成虫昼伏夜出，具趋光性。多集中于午后羽化，羽化时蛹一半在蛀孔外，后一半在蛀孔内，成虫从蛹头顶三角形片部位脱出 |

**防治适期** 初孵幼虫发生期。

**防治措施**

（1）**清园** 及时清除园内杂草及猕猴桃园周围的阔叶混杂灌木丛，集中深埋或沤肥。结合冬季修剪，及时剪除被害枝，将病枝、落叶集中带至园外沤肥或深埋。

（2）**人工捕杀** 发现蛀孔，可以使用带倒钩的细铁丝，伸入蛀孔内钩杀幼虫，并处理蛀孔洞。

（3）**灯光诱杀** 利用成虫的趋光性，可在成虫发生期，悬挂频振式杀虫灯、黑光灯或高压汞灯等诱捕成虫。

（4）**保护和利用天敌** 保护和利用食虫鸟、捕食或寄生性昆虫（螨类），可防治柳蝙蝠蛾。

（5）**药剂防治**

①喷药防治。5月中旬至6月上旬处于初孵幼虫在地表活动和转移上树前期，是抓紧地面防治和树干基部喷药防治的关键期。可以选用10%氯氰菊酯乳油2 000倍液，或50%辛硫磷乳油1 000倍液，或4.5%高效氯氰菊酯乳油2 000倍液防治。

②药剂处理蛀孔。生长季节蛀干后，经常检查，清除树干基部的虫包，及时用药剂处理蛀孔。可以用50%敌敌畏乳油50倍液，或4.5%高效氯氰菊酯乳油200倍液灌入虫孔或用棉球蘸药液塞入蛀孔，或用磷化铝片剂每孔塞入0.1克，然后再用湿泥土堵住洞口，毒杀蛀孔内的幼虫。

## 大灰象甲

**分类地位** 大灰象甲（*Sympiezonias velatus*），又名大灰象，属鞘翅目象虫科。

**为害特点** 在猕猴桃生产上，大灰象甲主要以成虫为害嫩叶和叶片，用短喙咬食成不规则圆形缺刻或孔洞，严重时整株叶片被食光。

**形态特征**

成虫：体长7 ~ 12毫米，体灰黄色或灰黑色，密被灰白色和褐色鳞片。头管粗，延长呈喙状，触角膝状。前胸卵圆形，在中央和两侧形成3条褐色纵纹。鞘翅卵圆形，末端尖锐，其上有不规则的黑褐色纹，略呈Ω形，两鞘翅上各有10条纵列刻点。小盾片半圆形。

卵：椭圆形，长约1毫米，初产时乳白色，两端透明，近孵化时变为乳黄色。

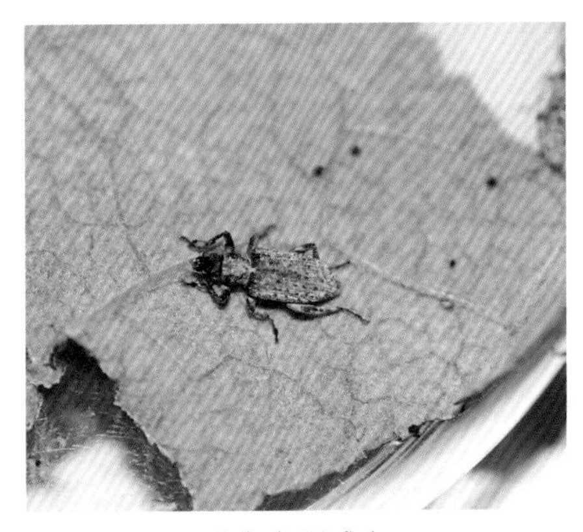

大灰象甲成虫

幼虫：老熟时体长约14毫米，头黄褐色，体乳白色。

蛹：体长9 ~ 10毫米，长椭圆形，乳黄色。

## 发生特点

| | |
|---|---|
| 发生代数 | 大灰象甲2年发生1代 |
| 越冬方式 | 以成虫、幼虫隔年交替在土中越冬 |
| 发生规律 | 越冬成虫4月上旬开始上树为害，4月下旬至5月初出现高峰，雌虫于5月下旬开始产卵，6月下旬卵陆续孵化，随温度下降，幼虫下移，筑土室越冬。翌春越冬幼虫上升至表土层继续取食，至6月下旬陆续化蛹，7月中下旬羽化为成虫。新羽化的成虫当年不出土，即在原土室内越冬，直至下一年4月下旬以后再出土 |
| 生活习性 | 成虫将叶片沿尖端从两侧向内折合黏成饺子形，卵产于折叶内。每头雌虫产卵数十粒，黏在一起成为块状。成虫后翅退化，不能飞翔，靠爬行取食、扩散。春季中午前后活动最盛，夏季在早晨、傍晚活动，中午高温时潜伏。具群居性和假死性，受惊后缩足假死。幼虫孵出后落地，钻入土中，在土中取食有机质及作物须根 |

**防治适期** 成虫羽化出土盛期。

## 防治措施

(1) **人工捕杀** 利用其假死性及行动迟缓、不能飞翔的特点，在成虫发生期，于9：00前或16：00后进行人工捕捉，先在树下周围铺塑料布，晃动树干将其震落后收集消灭。

(2) **药剂防治** 越冬成虫上树前，用药剂处理地面。成虫羽化出土盛期，于傍晚在树干周围地面喷洒50%辛硫磷乳油300倍液，或48%毒死蜱乳油800倍液，或90%敌百虫原药1 000倍液。施药后耙匀土表或覆土，毒杀羽化出土的成虫。上树后，树上喷药防治。成虫发生期，喷洒50%辛硫磷乳油1 000倍液，或90%敌百虫原药1 000倍液，或2.5%高效氯氟氰菊酯乳油2 000 ~ 3 000倍液，或1.8%阿维菌素乳油2 000倍液等进行防治。

# PART 3

# 其他有害生物

## 同型巴蜗牛

**分类地位** 同型巴蜗牛（*Bradybaena similaris*）属软体动物门腹足纲柄眼目巴蜗牛科巴蜗牛属，可为害果树、蔬菜、花卉、棉花等作物。

**为害特点** 同型巴蜗牛主要取食猕猴桃幼嫩枝叶以及果实皮层，被害后，嫩叶呈网状孔洞，幼果呈现不规则凹陷状疤斑，严重影响果实外观和品质。同型巴蜗牛爬过的地方常留有光亮而透明的黏液痕迹，粘在叶片、枝蔓或花瓣上，影响植株光合作用，降低植株生长势。

同型巴蜗牛啃食叶片造成缺刻，叶面上留有其爬过的黏液

**形态特征**

成贝：贝壳呈扁球形，高12毫米，宽16毫米，有5 ~ 6个螺层，顶部几个螺层增长缓慢，略膨胀，螺旋部低矮，体螺层增长迅速、膨大。壳顶钝，缝合线深。壳面呈黄褐色或红褐色，有稠密而细致的生长线。体螺层周缘或缝合线处常有1条暗褐色带。壳口呈马蹄形，口缘锋利，轴缘外折，遮盖部分脐孔。脐孔圆孔状，小而深。个体之间形态变异较大。

同型巴蜗牛成贝

卵：圆球形，直径2毫米，乳白色有光泽，渐变淡黄色，近孵化时为土黄色。

幼贝：形似成贝，体型较小。

## 发生特点

| | |
|---|---|
| 发生代数 | 同型巴蜗牛1年发生1代 |
| 越冬方式 | 11月下旬以成贝和幼贝在田埂土缝、残枝落叶、房前屋后的土缝中越冬 |
| 发生规律 | 翌年2月下旬至3月上中旬开始活动，4月下旬到5月上中旬成贝开始交配，后不久把卵成堆产在植株根颈部的湿土中，4 ~ 10月均可见到卵，但以4 ~ 6月卵量为多。卵自4月下旬开始孵化，有3个孵化高峰期：4月下旬至5月上旬、5月下旬和7月中旬，其中前2个高峰期幼贝量大。初孵幼贝多群集在一起取食，长大后分散为害，遇有高温干燥条件，蜗牛常把壳口封住，潜伏在潮湿的土缝中或茎叶下，待条件适宜时，如下雨或灌溉后，于傍晚或早晨外出取食。主要为害期为5 ~ 11月，6月开始上果为害，11月中下旬又开始越冬 |
| 生活习性 | 同型巴蜗牛喜好阴暗潮湿、多腐殖质的环境，适应性极强；畏光，昼伏夜出，多在傍晚至清晨取食；地面干燥或大暴雨后，沿树干往上爬，停留在茎和叶片背面；蜗牛行动迟缓，凡爬行过的地方均留有分泌黏液的白色痕迹 |

## 防治适期
产卵前。

## 防治措施

（1）**加强管理** 合理修剪，改善猕猴桃园的通风透光条件，降低猕猴桃园的湿度。

（2）**除草松土** 蜗牛于雨后大量活动，可利用其喜阴暗潮湿、畏光怕热的生活习性，在天晴后除草松土，清除树下杂草、石块等，破坏其栖息地的环境以减轻为害。

（3）**人工捕杀** 清晨或阴雨天人工捕捉，集中杀灭。

（4）**在蜗牛活动周围撒施生石灰或食盐** 蜗牛表面(除了壳)有一层黏液，有利于蜗牛的运动和皮肤辅助呼吸。当撒上盐后，蜗牛身体接触到盐，其运动和呼吸能力降低。黏液渗到体外，使蜗牛身体萎缩，细胞缺水死亡。

（5）**药剂防治** 在同型巴蜗牛产卵前，每亩用茶籽饼粉3千克撒施，或用茶籽饼粉1 ~ 1.5千克加水100千克浸泡24小时后喷施。天气温暖、土表干燥的傍晚每亩用6%四聚乙醛颗粒剂0.5 ~ 0.6千克或3%灭蜗灵颗粒剂1.5 ~ 3千克，拌干细土10 ~ 15千克均匀撒施于受害株根部附近的行间，2 ~ 3天后接触药剂的蜗牛因分泌大量黏液而死亡。

## 野蛞蝓

**分类地位** 野蛞蝓（*Agriolimax agrestis*），属软体动物门腹足纲柄眼目蛞蝓科野蛞蝓属。食性杂，可为害果树、蔬菜、绿肥作物等。

**为害特点** 野蛞蝓喜食幼芽、幼苗及嫩叶，造成缺苗断垄。也可取食果实，残留白色黏液等，影响果实商品价值。

野蛞蝓分泌黏液

**形态特征**

成体：体长30 ～ 60毫米，体宽4 ～ 6毫米，长梭形，柔软、光滑而无外壳，体表暗黑色、暗灰色、黄白色或灰红色。触角2对，暗黑色；下边的1对短，约1毫米，称前触角，有感觉作用；上边的1对长约4毫米，称后触角，端部具眼。口腔内有角质齿舌。体背前端具外套膜，为体长的1/3，边缘卷起，其内有退化的贝壳（即盾板），上有明显的同心圆线，即生长线。同心圆线中心在外套膜后端偏右。呼吸孔在体右侧前方，其上有细小的色线环绕。黏液无色。在右触角后方约2毫米处为生殖孔。

卵：椭圆形，韧而富有弹性，直径2.0 ～ 2.5毫米。白色透明可见卵核，近孵化时颜色变深。

幼体：初孵时体长2 ～ 2.5毫米，淡褐色，体形同成体。

## 发生特点

| | |
|---|---|
| 发生代数 | 野蛞蝓1年发生1代 |
| 越冬方式 | 以成体或幼体在植物根部湿土下越冬 |
| 发生规律 | 5～7月在田间大量活动为害，入夏气温升高，活动减弱，秋季气候凉爽后，又开始活动为害。在南方每年4～6月和9～11月有2个活动高峰期，在北方7～9月为害较重 |
| 生活习性 | 野蛞蝓喜欢在潮湿、低洼果园为害。梅雨季节是为害盛期。一个世代约250天，5～7月产卵，卵期16～17天，从孵化至成贝性成熟约55天。成贝产卵期可长达160天。野蛞蝓雌雄同体，异体受精，也可同体受精繁殖。卵产于湿度大且隐蔽的土缝中，每隔1～2天产1次，1次1～32粒，每处产卵10粒左右，平均产卵量为400余粒。野蛞蝓怕光，强光下2～3小时即死亡，多在夜间活动，从傍晚开始出动，晚上10：00～11：00达高峰，清晨之前潜入土中或隐蔽处。耐饥力强，在食物缺乏或不良条件下能不吃不动。阴暗潮湿的环境易于大发生，当气温11.5～18.5℃、土壤含水量20%～30%时，对其生长发育最为有利 |

## 防治适期

卵盛孵期至幼体始盛期。

## 防治措施

（1）**农业防治**　及时中耕，清洁田园，防止杂草丛生，秋季翻耕破坏其栖息环境。施用充分腐熟的有机肥，创造不利于野蛞蝓发生和生存的条件。

（2）**诱杀**　傍晚在为害严重的猕猴桃园撒一些幼嫩的莴笋叶、白菜叶，清晨揭开叶片，进行人工捕杀。

（3）**驱避**　为害期在植株基部撒施生石灰或草木灰。生石灰每亩撒施5～7千克。

（4）**药剂防治**　每亩可用6%四聚乙醛颗粒剂500克在傍晚撒施于植株茎基部防治。

# PART 4

# 猕猴桃病虫害绿色防控

猕猴桃病虫害绿色防控的原则是“预防为主，综合防治”。综合防治措施包括严格检疫、农业防治、物理防治、生物防治和化学防治。

## 严格检疫

在调运猕猴桃的苗木和接穗时，要严格检疫猕猴桃细菌性溃疡病、线虫和介壳虫等病虫害，不从病区引入苗木，防止人为造成病苗传播，严防将介壳虫传入新的果区。

新猕猴桃园栽种的苗木要严格检查，绝不栽植携带线虫的苗木。对外来苗木要进行消毒处理。猕猴桃生产上嫁接用的接穗在嫁接前必须进行消毒处理，防治猕猴桃细菌性溃疡病。

## 农业防治

农业防治主要目的是调控猕猴桃园生长的小气候，创造适合猕猴桃生长发育而不适合病虫害发生的条件；促进猕猴桃树体健康生长，提高其抗病虫害的能力，减轻病虫为害。生产上合理修剪，园地通风透光良好，树体负载量适宜，肥水充足，是减少病虫害大发生的基础。超载、郁闭的猕猴桃园，病虫害防治效果也不会好。

（1）**科学建园**　避免在低洼地建园，在多雨季节或低洼处采用高畦栽培，保持果园内排水通畅、不积水，降低果园湿度。

（2）**选用抗性品种**　选用抗病虫砧木和抗病虫害的品种，培育栽植脱毒或无病虫苗木。

（3）**加强管理**

①合理负载。一般美味猕猴桃每亩产量控制在2 000 ～ 2 500千克，中华猕猴桃每亩产量控制在1 000 ～ 1 500千克。

②平衡施肥。要增施有机肥、微生物菌肥，减少化肥用量；有机肥要充分腐熟，幼园每年每亩施有机肥1 500 ～ 2 000千克，盛果期园每亩施有机肥4 000 ～ 5 000千克；要做到配方平衡施肥，适当追施钾、钙、镁、硅等提高植物抗性的矿质肥料，生长后期控制氮肥的施用量。

③科学修剪。幼树前促后控，提高枝蔓成熟度，增强树体抗病性。防止枝梢徒长，对过旺的枝蔓进行修剪，保持良好的通风透光性，树冠密度以阳光投射到地面空隙呈筛孔状为宜，降低园内湿度。修剪工具及时消毒。

④合理灌溉。改大水漫灌为畦灌、沟灌、穴灌及树盘灌水等。有条件的园区可采用渗灌、微喷灌、滴灌。实施生草覆盖和秸秆覆盖的猕猴桃园，可适当减少灌溉次数和控制灌水量。

⑤深翻树盘。冬春深翻树盘，不仅能疏松土壤，还可以直接杀死一部分在土壤中越冬的害虫。

（4）**冬季清园** 清除园内病虫枝蔓、枯枝落叶、粗树皮及周围各类植物残体等，带至园外集中沤肥或深埋。深秋或初冬翻耕土地，消灭部分幼虫，减少田间害虫数量。

（5）**科学采收及储藏** 采收时轻摘轻放，减少碰撞。入库前严格挑选，冷藏果储藏至30天和60天时分别进行两次挑拣，剔除伤果、病果，防止二次侵染。

（6）**树体保护** 冬季用波尔多液或石灰水涂干，保树防冻，也可用稻草或秸秆等包干。

（7）**人工捕杀** 冬季用硬塑料刷或细钢丝刷，刷掉枝蔓上的虫体或虫卵。修剪时，剪掉害虫聚集的枝蔓。冬季刮除树干基部的老皮，涂上约10厘米宽的粘虫胶。利用成虫的假死性，在成虫发生期于清晨或傍晚，摇动树干震落成虫，人工集中扑杀。发现已定植苗木带虫时，挖去集中处理，并将带虫苗木附近的根系土壤集中深埋至地面50厘米以下。

## 物理防治

即利用物理机械的方法进行病虫害的防治。

（1）**利用害虫的趋性诱杀** 利用害虫的趋光性，采用频振式杀虫灯、黑光灯等诱杀成虫。利用害虫的趋化性，用糖醋液诱杀。利用害虫的趋色性，悬挂色板诱杀。

（2）**利用热力作用杀灭病原** 对发病的嫁接苗和实生苗坚决集中深埋。对显示症状或可疑的苗木栽植前及时处理，用48℃温水浸根15分钟，可杀死根瘤内的线虫。

悬挂糖醋液瓶诱杀害虫

杀虫灯诱杀害虫

悬挂黄板诱杀害虫

## 生物防治

即利用自然界有益生物或其他生物来抑制或消灭有害生物的防治方法，其主要措施是保护和利用自然界害虫的天敌、繁殖释放优势天敌、发展性激素防治虫害等。

(1) **保护和利用天敌** 自然状态下，天敌控制着害虫的种群数量，害虫与天敌保持着一定的生态平衡。猕猴桃园的生境中，也有许多害虫的天敌控制着害虫的数量，常见的天敌主要有瓢虫、草蛉、食蚜蝇、螳螂和蜘蛛等。

保护天敌的主要措施：

①保护和利用本地的优势天敌。可以采用果园生草措施，创造有利于天敌生存的生态条件；合理使用农药，避免杀伤天敌，选择使用高效、低毒、对天敌杀伤力小的药剂。

七星瓢虫

草　蛉

食蚜蝇

螳　螂

蜘　蛛

②引进释放捕食性和寄生性天敌防治害虫。如释放捕食螨、寄生蜂等。

释放捕食螨

释放寄生蜂

（2）**利用食虫动物防虫**

①果园养殖鸡鸭等食虫动物取食消灭害虫。

②保护和利用自然界中的鸟类。鸟类可捕食田间害虫。

果园养鸡吃虫

利用鸟类捕食害虫

（3）**喷施生物农药防治病虫害**　生物农药具有广谱、高效、安全、无抗药性、不杀害天敌等优点，能防治对传统农药已有抗药性的害虫，而且还不会产生交叉抗药性。生物农药对人、畜及各种有益生物较安全，是生产绿色农产品的必要产品。

生产上常用1.5%多抗霉素可湿性粉剂300 ～ 500倍液防治猕猴桃轮纹病、炭疽病，抗生素类农药防治猕猴桃细菌性溃疡病等。喷施每毫升含100亿活芽孢的苏云金杆菌可湿性粉剂500 ～ 1 000倍液防治鳞翅目害虫，

喷洒1.8%阿维菌素乳油5 000倍液防治叶螨等。喷施昆虫生长抑制剂如25%灭幼脲悬浮剂2 000倍液或20%杀铃脲悬浮剂6 000 ~ 8 000倍液防治鳞翅目害虫的幼虫。

## 化学防治

即使用化学农药防治植物病虫害的防治方法，具有高效、速效、使用方便、经济效益高等优点。缺点是会对植株产生药害，引起人畜中毒，杀伤有益生物，导致病原物或害虫产生抗药性，还会造成环境污染。

在猕猴桃病虫害绿色防控技术中，化学防治必须严格按照有关规定进行。在化学药剂的选择、喷雾器械的选择、使用方法等方面科学合理，正确使用，才能最大程度发挥化学防治的作用，否则可能出现问题，加重病虫危害，造成严重损失。

（1）**科学合理选择农药**

①科学使用允许使用的农药。猕猴桃病虫害绿色防控中，允许使用的农药主要为生物性农药、矿物源农药和低毒低残留高效的化学农药。常见允许使用的农药包括低毒的杀虫剂和杀菌剂，参见附录4。

②严格使用限制性农药。猕猴桃生产上可以限制性使用一些中等毒性的农药，这类农药的使用浓度、使用次数、使用方法等都有严格限制，要严格按照要求使用。如2.5%三氯氟氰菊酯乳油、20%甲氰菊酯乳油、20%氰戊菊酯乳油、2.5%溴氰菊酯乳油和80%敌敌畏乳油等农药。

③禁止使用高毒农药。严格禁止使用高毒、剧毒农药，参见附录5。

（2）**科学合理使用农药** 猕猴桃生产上使用农药要按照农药残留限量标准，科学合理使用，严格控制农药残留，确保不超标，保证猕猴桃果品质量安全、人员安全和环境安全。

①选择适宜的农药种类与剂型。根据猕猴桃病虫害的发生为害种类和发生程度及喷雾器械等，选择适宜对路的农药种类，对症用药。比如预防病害时，选择使用保护性的杀菌剂；防治病害时，尽量选择治疗性的杀菌剂。防治咀嚼式口器的害虫如鳞翅目害虫时，可以选择胃毒性和触杀性的杀虫剂；防治刺吸式口器的害虫如同翅目叶蝉时，要选择内吸性和触杀性的杀虫剂。农药剂型要优先选择分散性更好的剂型，如水乳剂、微乳剂、

可溶粒剂等环保剂型，避免选用乳油，尤其夏季高温季节使用农药时，尽量少用乳油等以免产生药害。

②根据使用剂量科学配制农药。使用农药应采取科学的配制方法。根据防治对象和推荐使用浓度，计算出药剂的使用量，粉剂等固体药剂用电子秤等精确称量，乳油等液体用量杯精确量取备用。禁止任意加大农药浓度，防止产生药害。采取二次稀释法配制药液，即先用少量的水将药剂充分溶解后稀释成母液倒入喷雾器械，然后再加入剩余的水，将母液稀释至所需要的浓度，混合均匀溶解后喷施。

③根据防治对象科学合理混用农药。为了提高防效和工作效率，农药使用时常采用混用的方法，达到防治多种混发病害和虫害的目的。农药的合理混用可以提高防效和扩大防治对象，延缓抗药性。但不能盲目混用。农药的混用一般有三种作用：增效、拮抗和失效。

④选用适宜的喷雾器械喷施农药。药剂喷雾要选择雾化效果良好的喷雾器械，这样才能既均匀喷施防治病虫害，又能避免药液喷雾不均匀而出现药害。比如选择雾化效果良好的喷雾器和喷头，如静电喷雾器等。根据生产规模选择喷雾器械。小型果园可以选择小的背负式手动或电动喷雾器。大型果园可选择大的机械式喷雾器，如小型拖拉机带动的弥雾机或自走式弥雾机等，以提高效率。喷药器械每次使用完后要多次清洗干净后备用。喷施除草剂的喷雾器要专用，不能喷施其他农药。注意喷雾器械的使用维护，定期更换磨损的喷头，避免滴漏。

**科学使用农药的方法及注意事项**

①田间正确施药。化学防治时要抓住不同病虫害的关键防治时期及时对症用药防治。使用喷雾器械施药时要根据其喷幅和风向确定田间作业行走路线，严禁逆风前行喷洒农药和在用药区穿行。使用手动喷雾器喷洒除草剂时，喷头一定要加装防护罩。下雨、大风、高温天气或下雨前、有露水时严禁喷药。高温时段禁止用药，一般可在16:00温度下降后进行。严格遵守安全间隔期规定。农药安全间隔期是指最后一次施药到作物采收时所需要间隔的天数，即收获前禁止使用农药的天数。为了避免农药残留超标，果品采收前安全间隔期内严禁使用农药。

②加强个人防护，注意用药安全。猕猴桃园环境相对密闭，在果园中喷药时一定要加强防护，注意用药安全。喷药时要穿戴防护服和口罩等防护

用品，对易被污染的重点部位可加垫塑料薄膜。连续喷药一般2～3天轮换1次。喷药后及时更换衣服，清洗身体。农药可通过消化道、呼吸道、皮肤进入人体，喷药过程中喷药人员的手、口腔、鼻腔都可能被污染，很容易引起农药中毒，一定要做好防护。严禁在喷药过程中饮酒、吸烟、喝水、吃东西。喷药时要始终处于上风口位置，禁止逆风喷药。喷药过程中遇喷头堵塞等情况时，应用牙签、草秆或水等来疏通，严禁用嘴吹吸喷头和滤网。掌握中毒急救知识，防止人畜中毒，如果农药溅入眼睛内或皮肤上，及时用大量清水冲洗，如果出现头痛、恶心、呕吐等中毒症状，应立即停止作业，脱掉受污染衣服，携带农药标签，及时到医院就诊。

③注意保护环境。喷完药剂清洗喷雾器械时，严禁在河流和井边等处清洗，以免污染水源。农药瓶和农药袋等农药包装废弃物要收集集中处理，严禁到处乱扔，污染环境。

# 附　录

## 附录1　猕猴桃周年管理工作历

| 物候期 | 月份 | 作业管理项目 | 注意事项 |
| --- | --- | --- | --- |
| 休眠期 | 1月 | ①冬季修剪；②沙藏接穗；③清洁果园；④树干涂白或包干 | 冬剪后要使枝蔓不重叠、不交叉，均匀分布在架面上 |
|  | 2月 | ①嫁接；②整理砧木；③防治猕猴桃细菌性溃疡病等病虫害 | 根据天气变化合理安排，气温变暖可提前嫁接，变冷可推后嫁接，接穗上部用漆封顶，或用接蜡涂抹 |
| 萌芽期 | 3月 | ①追肥；②高接；③播种育苗；④防治病虫害；⑤新建园栽树 | 塑料条宽1厘米，长按砧木粗而定，务必绑紧。种子用野生美味猕猴桃的种子。发芽期慎用化学药剂 |
| 展叶期及花蕾期 | 4月 | ①夏剪；②防治病虫害；③疏蕾疏花；④苗圃管理；⑤灌水；⑥叶面喷肥；⑦防晚霜冻害 | ①继续高接换种；②果柄伸长后疏花疏蕾；③有条件的地区可采用渗灌、微喷灌、滴灌 |
| 开花期 | 5月 | ①授粉；②疏果；③防治病虫害；④施肥；⑤种草、中耕；⑥高接树管理；⑦苗圃管理 | ①风雨天过后必须进行人工授粉；②喷药时杀虫、杀菌药剂合理混用防治病虫害；③继续搞好夏剪 |
| 果实膨大期 | 6月 | ①施肥；②夏剪；③疏果；④防治病虫害；⑤高接树管理；⑥灌水 | ①不要连续摘心，也不要迟摘心；②利用斑衣蜡蝉群居习性集中防治；③水位高的地区必须挖排水沟 |
| 果实膨大着色期 | 7～8月 | ①防治病虫害；②中耕；③早熟果采收；④施肥；⑤夏剪；⑥高接换种 | ①高温季节预防果实日灼和叶片烧干；②绑好蔓防止风吹叶摩 |
| 果实着色采收期 | 9月 | ①促进果实着色；②防治病虫害；③高接换种；④库体消毒；⑤中熟果采收；⑥施肥 | ①注意防治果实熟腐病；②果箱也要同时消毒 |
| 果实采收期 | 10月 | ①采收；②储藏；③商品化处理；④施肥 | 储藏库消毒后要在果实入库前排放库内气体 |
| 落叶期 | 11～12月 | ①清园；②栽树；③施肥；④深翻；⑤涂白；⑥浇水；⑦冬剪 | ①要选择市场前景好和质量有保证的新优品种苗木；②冬季防冻 |

# 附录2 猕猴桃病虫害防治年历

| 物候期 | 防治内容与主要措施 | 目的 |
| --- | --- | --- |
| 休眠期 | ①树干、大枝用涂白剂涂白；②绑稻草或秸秆护理根茎部和主干；注意涂白包干前必须做好主干*Psa*预防工作；③人工清园，清扫果园的枯枝落叶，剪除病虫枝蔓，带至园外集中沤肥或深埋；抹除卵块；④冬剪时注意消毒，冬剪后及时喷药保护伤口；⑤及时检查，尽早预防溃疡病 | ①防寒抗冻，提高树体的抗病能力；②降低田间病虫害越冬基数，减少第二年的病源和虫口基数 |
| 萌芽期 | ①药剂清园，萌芽前20天，全园喷施3～5波美度石硫合剂清园；严重时7～10天后再喷一次；②继续做好溃疡病防治工作；③防治金龟子等为害嫩芽的害虫，使用杀虫灯和糖醋液诱杀；人工捕捉金龟子等 | 继续降低田间初侵染源的数量，喷施要全面彻底 |
| 开花前 | ①防治金龟子、斑衣蜡蝉、蝽、小薪甲等害虫；②防治花腐病和褐斑病等病害，开花前后每7～10天喷施1次杀虫或杀菌剂 | 保护花蕾，减少花期病虫为害 |
| 谢花后至幼果期 | ①防治金龟子、斑衣蜡蝉、蝽、小薪甲等害虫；②及时喷药防治灰霉病等果实病害，预防褐斑病等病害，7～10天1次，连喷2～3次 | 主要预防叶部病害，防止其病原扩散蔓延，减轻为害 |
| 果实膨大期 | 继续进行喷雾防治叶部病害和小薪甲、蝽和叶螨；检查防治根腐病，刨开晾根，药剂灌根防治 | 防治叶部及果实病虫害 |
| 新梢旺长期 | 抓紧防治褐斑病、灰斑病等叶部病害和害虫 | 防治多种病虫害，保护新梢 |
| 果实成熟期至采果期 | ①防治蝽等害虫；②采果前10～15天用甲基硫菌灵或多菌灵喷雾1次；③采果后及时喷药防治溃疡病 | ①预防储藏期病害；②防止溃疡病从伤口等处侵入为害 |
| 储藏期 | 做好储藏期病害如青霉病、软腐病等的防治 | 防治储藏期病害，降低库损率 |

# 附录3　石硫合剂的熬制与使用

石硫合剂作为猕猴桃生产上主要的化学药剂，是冬季休眠期进行化学清园的首选药剂，也是生长期防治病虫害的无机矿物源药剂。

石硫合剂主要以硫黄粉、生石灰和水按一定比例熬制而成。原液为红褐色液体，具有硫化氢的气味。具有杀虫、杀螨和杀菌的作用，不易产生抗性。其主要成分为多硫化钙和一部分硫代硫酸钙，强碱性，腐蚀性强，有侵蚀昆虫表皮蜡质层的作用，一般用陶器等非金属容器保存。

**1. 熬制方法**　石硫合剂一般按生石灰1千克、硫黄粉2千克、水10千克的配比熬制。

常用熬制方法是先将生石灰用少量水化开，调成糊状，再加入硫黄粉搅拌均匀，然后加入其余的水，做好水位线记号，熬制60分钟左右。熬制时开始用大火，煮沸后火力不要太猛，边熬边搅，并用热水补足散失的水分，熬制45分钟后不再加水，再继续熬制15分钟即成原液。

当锅内药液由黄色变为红色，再变为红褐色时即成。可以取少量原液滴入清水中，立即散开，表明已经熬好；如果药滴下沉，则需继续熬制。熬好的原液冷却后过滤去除杂质，用波美度计测量原液浓度。

**温馨提示**

熬制时要选用优质生石灰，硫黄粉要碾细；熬好后药液储藏于密封的陶制容器内，或在表面滴一层矿物油备用；不能用铁器等金属容器盛放。

**2. 使用时的稀释方法**　一般利用波美度计测出原液的浓度，再根据所需使用浓度查阅石硫合剂重量稀释倍数表得到每千克原液的加水量，见下表。

也可以利用石硫合剂的稀释倍数公式计算：

稀释倍数（按重量计）=（原液浓度－使用浓度）/使用浓度

例如：原液浓度30波美度的石硫合剂要配制成4波美度的药液，需要加入多少水？

根据公式：稀释倍数=（30 － 4）/4=6.5，即每千克30波美度的原液

加水6.5千克就可配制成4波美度的药液。

石硫合剂为强碱性，使用时不能和酸性农药混用，也不能和铜制剂混合使用；与波尔多液交替使用时，应间隔20～30天，间隔时间短易产生药害；原液有腐蚀性，使用时要多加小心，皮肤、衣服沾上原液应立即用清水冲洗。

石硫合剂稀释倍数表（以重量计）

| 原液浓度（波美度） | 配制浓度（波美度） | | | | | | | | | |
|---|---|---|---|---|---|---|---|---|---|---|
| | 0.1 | 0.2 | 0.3 | 0.4 | 0.5 | 1.0 | 2.0 | 3.0 | 4.0 | 5.0 |
| 15.0 | 149 | 74.0 | 49.0 | 36.5 | 29.0 | 14.0 | 6.5 | 4.00 | 2.75 | 2.00 |
| 16.0 | 159 | 79.0 | 52.3 | 39.0 | 31.0 | 15.0 | 7.0 | 4.33 | 3.00 | 2.20 |
| 17.0 | 169 | 84.0 | 55.6 | 41.5 | 33.0 | 16.0 | 7.5 | 4.66 | 3.25 | 2.40 |
| 18.0 | 179 | 89.0 | 59.0 | 44.0 | 35.0 | 17.0 | 8.0 | 5.00 | 3.50 | 2.60 |
| 19.0 | 189 | 94.0 | 62.3 | 46.5 | 37.0 | 18.0 | 8.5 | 5.33 | 3.75 | 2.80 |
| 20.0 | 199 | 99.0 | 65.6 | 49.0 | 39.0 | 19.0 | 9.0 | 5.66 | 4.00 | 3.00 |
| 21.0 | 209 | 104.0 | 69.0 | 51.5 | 41.0 | 20.0 | 9.5 | 6.00 | 4.25 | 3.20 |
| 22.0 | 219 | 109.0 | 72.3 | 54.0 | 43.0 | 21.0 | 10.0 | 6.33 | 4.50 | 3.40 |
| 23.0 | 229 | 114.0 | 75.6 | 56.5 | 45.0 | 22.0 | 10.5 | 6.66 | 4.75 | 3.60 |
| 24.0 | 239 | 119.0 | 79.0 | 59.0 | 47.0 | 23.0 | 11.0 | 7.00 | 5.00 | 3.80 |
| 25.0 | 249 | 124.0 | 82.3 | 61.5 | 49.0 | 24.0 | 11.5 | 7.33 | 5.25 | 4.00 |
| 26.0 | 259 | 129.0 | 85.6 | 64.0 | 51.0 | 25.0 | 12.0 | 7.66 | 5.50 | 4.20 |
| 27.0 | 269 | 134.0 | 89.0 | 66.5 | 53.0 | 26.0 | 12.5 | 8.00 | 5.75 | 4.40 |
| 28.0 | 279 | 139.0 | 92.3 | 69.0 | 55.0 | 27.0 | 13.0 | 8.33 | 6.00 | 4.60 |
| 29.0 | 289 | 144.0 | 95.6 | 71.5 | 57.0 | 28.0 | 13.5 | 8.66 | 6.25 | 4.80 |
| 30.0 | 299 | 149.0 | 99.0 | 74.0 | 59.0 | 29.0 | 14.0 | 9.00 | 6.50 | 5.00 |

# 附录4　猕猴桃生产上推荐使用的农药

| | 农药品种 | 毒性 | 稀释倍数与使用方法 | 防治对象 |
|---|---|---|---|---|
| 杀虫剂 | 1.8%阿维菌素乳油 | 低毒 | 5 000倍液，喷施 | 叶螨、线虫 |
| | 0.3%苦参碱水剂 | 低毒 | 800～1 000倍液，喷施 | 蚜虫、叶螨 |
| | 10%吡虫啉可湿性粉剂 | 低毒 | 5 000倍液，喷施 | 蚜虫、蛾类 |
| | 25%灭幼脲悬浮剂 | 低毒 | 1 000～2 000倍液，喷施 | 蛾类 |
| | 10%烟碱乳油 | 低毒 | 800～1 000倍液，喷施 | 蚜虫、叶螨 |
| | 20%杀铃脲悬浮剂 | 低毒 | 8 000～10 000倍液，喷施 | 蛾类 |
| | 50%辛硫磷乳油 | 低毒 | 1 000～1 500倍液，喷施 | 金龟子 |
| | 5%噻螨酮乳油 | 低毒 | 2 000倍液，喷施 | 叶螨 |
| | 15%哒螨灵乳油 | 低毒 | 3 000倍液，喷施 | 叶螨 |
| | 10%浏阳霉素乳油 | 低毒 | 1 000倍液，喷施 | 叶螨 |
| | 5%氟虫脲乳油 | 低毒 | 1 000～1 500倍液，喷施 | 叶螨 |
| | 每毫升含100亿活芽孢的苏云金杆菌可湿性粉剂 | 低毒 | 500～1 000倍液，喷施 | 金龟子 |
| 杀菌剂 | 松焦油原液（腐必清） | 低毒 | 萌芽前2～3倍液，涂抹 | 溃疡病 |
| | 2%农抗120水剂 | 低毒 | 100倍液，喷施 | 溃疡病 |
| | 80%代森锰锌可湿性粉剂 | 低毒 | 800倍液，喷施 | 褐斑病 |
| | 石灰倍量式波尔多液 | 低毒 | 200倍液，喷施 | 褐斑病、溃疡病 |
| | 石硫合剂 | 低毒 | 芽前3～5波美度，开花前后0.3～0.5波美度，喷施 | 溃疡病、白粉病、叶螨 |
| | 50%异菌脲可湿性粉剂 | 低毒 | 1 000～1 500倍液，喷施 | 灰霉病 |
| | 70%乙膦铝·锰锌可湿性粉剂 | 低毒 | 500～600倍液，喷施 | 叶斑病 |
| | 硫酸铜 | 低毒 | 100～150倍液，喷施 | 溃疡病、根腐病 |

# 附录5　禁限用农药名录

《农药管理条例》规定，农药生产应取得农药登记证和生产许可证，农药经营应取得经营许可证，农药使用应按照标签规定的使用范围、安全间隔期用药，不得超范围用药。剧毒、高毒农药不得用于防治卫生害虫，不得用于蔬菜、瓜果、茶叶、菌类、中草药材的生产，不得用于水生植物的病虫害防治。

**（一）禁止（停止）使用的农药（50种）**

六六六、滴滴涕、毒杀芬、二溴氯丙烷、杀虫脒、二溴乙烷、除草醚、艾氏剂、狄氏剂、汞制剂、砷类、铅类、敌枯双、氟乙酰胺、甘氟、毒鼠强、氟乙酸钠、毒鼠硅、甲胺磷、对硫磷、甲基对硫磷、久效磷、磷胺、苯线磷、地虫硫磷、甲基硫环磷、磷化钙、磷化镁、磷化锌、硫线磷、蝇毒磷、治螟磷、特丁硫磷、氯磺隆、胺苯磺隆、甲磺隆、福美胂、福美甲胂、三氯杀螨醇、林丹、硫丹、溴甲烷、氟虫胺、杀扑磷、百草枯、2，4-滴丁酯、甲拌磷、甲基异柳磷、水胺硫磷、灭线磷

注：甲拌磷、甲基异柳磷、水胺硫磷、灭线磷，自2024年9月1日起禁止销售和使用。溴甲烷可用于“检疫熏蒸处理”。杀扑磷已无制剂登记。

**（二）在部分范围禁止使用的农药（20种）**

| 通用名 | 禁止使用范围 |
| --- | --- |
| 甲拌磷、甲基异柳磷、克百威、水胺硫磷、氧乐果、灭多威、涕灭威、灭线磷 | 禁止在蔬菜、瓜果、茶叶、菌类、中草药材上使用，禁止用于防治卫生害虫，禁止用于水生植物的病虫害防治 |
| 甲拌磷、甲基异柳磷、克百威 | 禁止在甘蔗作物上使用 |
| 内吸磷、硫环磷、氯唑磷 | 禁止在蔬菜、瓜果、茶叶、中草药材上使用 |
| 乙酰甲胺磷、丁硫克百威、乐果 | 禁止在蔬菜、瓜果、茶叶、菌类和中草药材上使用 |
| 毒死蜱、三唑磷 | 禁止在蔬菜上使用 |
| 丁酰肼（比久） | 禁止在花生上使用 |
| 氰戊菊酯 | 禁止在茶叶上使用 |
| 氟虫腈 | 禁止在所有农作物上使用（玉米等部分旱田种子包衣除外） |
| 氟苯虫酰胺 | 禁止在水稻上使用 |

# 主要参考文献

韩礼星，黄贞光，2002. 优质猕猴桃丰产栽培技术彩色图说[M].北京:中国农业出版社.

雷玉山，王西锐，姚春潮，等，2010. 猕猴桃无公害生产技术[M]. 杨凌: 西北农林科技大学出版社.

李建军，刘占德，姚春潮，等，2018. 猕猴桃病虫害识别图谱与绿色防控技术[M]. 杨凌: 西北农林科技大学出版社.

刘旭峰，2006. 猕猴桃栽培新技术[M]. 杨凌: 西北农林科技大学出版社.

刘占德，2013. 猕猴桃[M]. 西安: 三秦出版社.

刘占德，2014. 猕猴桃规范化栽培技术[M]. 杨凌: 西北农林科技大学出版社.

王仁才，2016. 猕猴桃优质高效标准化栽培技术[M]. 长沙：湖南科学技术出版社.

姚春潮，张立功，张有平，等，2007. 新编无公害猕猴桃优质高效栽培、加工及营销[M]. 西安: 陕西科学技术出版社.

张洁，2016. 猕猴桃栽培与利用[M]. 北京：金盾出版社.